webod.gbr

Die Göttinger Prüfverfahren zur Kosteneffizienz von Maßnahmen und Inanspruchnahme von Ausnahmen aufgrund unverhältnismäßig hoher Kosten im Rahmen der WRRL
– sowie Ergebnisse eines Anwendungsfalls

Ökonomische Forschungsbeiträge zur Umweltpolitik

Herausgeber: Prof. Dr. Rainer Marggraf, Dr. Jörg Cortekar, Dr. Uta Sauer und Dr. Katharina Susanne Raupach

ISSN 2194-1149

6 *Anja-Karolina Rovers*
   Eine empirische Analyse zur ästhetischen und ethischen Wertschätzung mitteldeutscher Buchenwaldgebiete
   Meinungen von Experten und Einstellung der Bevölkerung
   ISBN 978-3-8382-0758-2

7 *Katherina Grafl*
   Die Ökonomisierung der Umweltpolitik
   Fallstudie EG-Wasserrahmenrichtlinie und Fallstudie Globale Öffentliche Güter
   ISBN 978-3-8382-0770-4

8 *Stefan Schüler*
   Ökosystemleistungen – ein Instrument des Umwelt- und Ressourcenmanagements in Deutschland?
   Begriffliche Grundlagen, ethische Motive und partizipative Handlungsstrategien
   ISBN 978-3-8382-0927-2

9 *Shogik Nickel*
   Die Rolle nichtstaatlicher Umweltorganisationen in der Umweltpolitik Russlands am Beispiel Kaliningrads
   ISBN 978-3-8382-1067-4

10 *Gerlinde Wiese*
   Computergestützte Planspiele als Methode der Konfliktsimulation bei Nutzungskonkurrenzen im ländlichen Raum
   ISBN 978-3-8382-1657-7

11 *webod.gbr*
   Die Göttinger Prüfverfahren zur Kosteneffizienz von Maßnahmen und Inanspruchnahme von Ausnahmen aufgrund unverhältnismäßig hoher Kosten im Rahmen der WRRL – sowie Ergebnisse eines Anwendungsfalls
   ISBN 978-3-8382-1868-7

webod.gbr

DIE GÖTTINGER PRÜFVERFAHREN ZUR KOSTENEFFIZIENZ VON MAßNAHMEN UND INANSPRUCHNAHME VON AUSNAHMEN AUFGRUND UNVERHÄLTNISMÄßIG HOHER KOSTEN IM RAHMEN DER WRRL – SOWIE ERGEBNISSE EINES ANWENDUNGSFALLS

Bibliografische Information der Deutschen Nationalbibliothek

Die Deutsche Nationalbibliothek verzeichnet diese Publikation in der Deutschen Nationalbibliografie; detaillierte bibliografische Daten sind im Internet über http://dnb.d-nb.de abrufbar.

Bibliographic information published by the Deutsche Nationalbibliothek

Die Deutsche Nationalbibliothek lists this publication in the Deutsche Nationalbibliografie; detailed bibliographic data are available in the Internet at http://dnb.d-nb.de.

Coverabbildungen: © Copyright Juliane Grüneberg

Eine Studie der

webod.gbr Beratungsgesellschaft für Wirtschaftlichkeit, Effizienz und ökonomische Bewertung öffentlicher und ökosystemarer Dienstleistungen

Mai 2023

Autoren
Uta Sauer, webod.gbr
Katharina Raupach, Nds. Ministerium für Umwelt, Energie und Klimaschutz
Rainer Marggraf, webod.gbr

Impressum
webod.gbr
Uferweg 1A
37077 Göttingen
E-Mail: info@webod.de

Das Buch stellt die Meinung der Autoren dar und spiegelt nicht zwangsläufig die Meinung des Nds. Ministeriums für Umwelt, Energie und Klimaschutz wider.

ISBN-13: 978-3-8382-1868-7
© *ibidem*-Verlag, Stuttgart 2023
Alle Rechte vorbehalten

Das Werk einschließlich aller seiner Teile ist urheberrechtlich geschützt. Jede Verwertung außerhalb der engen Grenzen des Urheberrechtsgesetzes ist ohne Zustimmung des Verlages unzulässig und strafbar. Dies gilt insbesondere für Vervielfältigungen, Übersetzungen, Mikroverfilmungen und elektronische Speicherformen sowie die Einspeicherung und Verarbeitung in elektronischen Systemen.

All rights reserved. No part of this publication may be reproduced, stored in or introduced into a retrieval system, or transmitted, in any form, or by any means (electronical, mechanical, photocopying, recording or otherwise) without the prior written permission of the publisher. Any person who does any unauthorized act in relation to this publication may be liable to criminal prosecution and civil claims for damages.

Printed in the EU

Inhalt

Tabellenverzeichnis vii
Abbildungsverzeichnis viii
Abkürzungsverzeichnis ix
Vorwort xi
Geleitwort xiii
Einleitung 1

I   Feststellung der Kosteneffizienz 11
    1. Begründung der Kosteneffizienz von Maßnahmen seit dem zweiten Bewirtschaftungszyklus 11
    2. Umfassende Maßnahmenfindungsprozesse als Grundlage für den prozessorientierten Ansatz: das Beispiel Niedersachsen 14
    3. Zur Entwicklung des Prüfkatalogs zur Feststellung der Kosteneffizienz von Maßnahmen 17
    4. Der Göttinger Prüfkatalog zur Feststellung der Kosteneffizienz 26
    5. Anwendungsfall – Trinkwasserentnahmestopp als hypothetische Maßnahme 36

II Prüfung von Ausnahmen aufgrund unverhältnismäßig hoher Kosten 67
    1. Zu den Anforderungen der WRRL für die Inanspruchnahme von Ausnahmen aufgrund unverhältnismäßig hoher Kosten 67
    2. Stand der Diskussion in Deutschland 79
    3. Die Berücksichtigung der Vorgaben der WRRL durch die Göttinger Prüfverfahren 85
    4. Das Göttinger Prüfverfahren für weniger strenge Umweltziele: Die Prüfkataloge 93
    5. Das Göttinger Prüfverfahren für weniger strenge Umweltziele: Zum Ablauf der Prüfung 105

6. Anwendungsfall – Trinkwasserentnahmestopp als hypothetische Maßnahme 112
7. Anwendungsfall – Grau- und Regenwassernutzung als hypothetische Ersatzaktivität der Trinkwasserförderung 146

Zusammenfassung und abschließende Bemerkungen 177

Literatur 183

Anhänge 191

Tabellenverzeichnis

Tabelle 1: Prüfung zur Feststellung der Kosteneffizienz der hypothetischen Maßnahme Trinkwasserentnahmestopp 40
Tabelle 2: Prüfung zur Feststellung der Verhältnismäßigkeit der hypothetischen Maßnahme Trinkwasserentnahmestopp 116
Tabelle 3: Prüfung zur Feststellung der Kosteneffizienz der hypothetischen Ersatzaktivität Grau- und Regenwassernutzung 148
Tabelle 4: Prüfkatalog Maßnahme 191
Tabelle 5: Prüfkatalog zur Feststellung der Kosten und positiven Effekte zur Sicherstellung ökologischer und sozioökonomischen Erfordernisse einer Ersatzaktivität 203

Abbildungsverzeichnis

Abbildung 1: Übersicht – Göttinger Prüfverfahren zur Feststellung der Kosteneffizienz von Maßnahmen.................. 3
Abbildung 2: Übersicht – Göttinger Prüfverfahren zur Inanspruchnahme von Ausnahmen aufgrund unverhältnismäßig hoher Kosten..................... 4
Abbildung 3: Die drei zentralen Ebenen der Maßnahmenplanung in Niedersachsen.................. 15
Abbildung 4: Ausgewertete Dokumente für die Entwicklung des Prüfkatalogs zur Feststellung der Kosteneffizienz.................. 18
Abbildung 5: Übersicht erfolgter sozioökonomischer Bewertungen von MSRL-Teilmaßnahmen................. 25
Abbildung 6: Übersicht Prüfkatalog zur Feststellung der Kosteneffizienz von Maßnahmen...................... 26
Abbildung 7: Übersicht zur Darstellung umweltbezogener Kosten.................. 32
Abbildung 8: Die Kosten und Ausnahmen der WRRL unter Berücksichtigung der „praktikablen Vorkehrungen" als Kosten zur Erreichung der Umweltziele.................. 73
Abbildung 9: Übersicht zur ausnahmespezifischen Struktur der *Göttinger Prüfverfahren*.................. 86
Abbildung 10: Übersicht zur Darstellung umweltbezogener Kosten und Nutzen.................. 88
Abbildung 11: Zusammenhang der Prüfkataloge................. 95
Abbildung 12: Prüfkatalog Maßnahme.................. 96
Abbildung 13: Prüfkatalog zur Feststellung der Kosten und positiven Effekte zur Sicherstellung der sozioökonomischen Erfordernisse.................. 102
Abbildung 14: Prüfkatalog für abweichende Bewirtschaftungsziele wegen unverhältnismäßig hoher Kosten.................. 104

Abkürzungsverzeichnis

AG	Arbeitsgemeinschaft
BWP	Bewirtschaftungsplan
BWS	Bruttowertschöpfung
CIS	Common Implementation Strategy
FGG	Flussgebietsgemeinschaft
KWA	Kosten-Wirksamkeitsanalyse
LAWA	Bund/Länder-Arbeitsgemeinschaft Wasser
LK Verden	Landkreis Verden
MA	Mitarbeiter
MSRL	Meeresstrategie-Rahmenrichtlinie
NLWKN	Niedersächsischer Landesbetrieb für Wasserwirtschaft, Küsten- und Naturschutz
NGO	Nichtregierungsorganisation
OWK	Oberflächenwasserkörper
SchuVO	Verordnung über Schutzbestimmungen in Wasserschutzgebieten
swb AG	Die Stadtwerke Bremen AG wurde 1999 in swb AG umbenannt
TV Verden	Trinkwasserverband Verden
vw.	volkswirtschaftlich
WATECO	WATer and ECOnomics (working group)
WEG	Wasserentnahmegebühr
WHG	Wasserhaushaltsgesetz
WISE	Water Information System for Europe der Europäischen Kommission
WRRL	Wasserrahmenrichtlinie
WS	Wirtschaftssubjekte
WSG	Wasserschutzgebiet
WW	Wasserwerk

Abbildungsverzeichnis

Vorwort

Das vorliegende Buch geht auf ein 2015 vom Niedersächsischen Ministerium für Umwelt, Energie und Klimaschutz initiiertes Projekt zurück. Ziel dieses Projektes war die Entwicklung von Verfahren, die eine explizite Prüfung der Kosteneffizienz von Wasserschutzmaßnahmen und die Beurteilung der Unverhältnismäßigkeit von Maßnahmenkosten als Begründung von Ausnahmetatbeständen im Rahmen der EG-Wasserrahmenrichtlinie (WRRL) erlauben.

Das Forschungsprojekt wurde von webod.gbr mit Unterstützung von Ann Kathrin Buchs, Niedersächsisches Ministerium für Umwelt, Energie und Klimaschutz und Juliane Grüneberg, damals noch Studierende der Georg-August-Universität Göttingen, heute ebenfalls Niedersächsisches Ministerium für Umwelt, Energie und Klimaschutz, durchgeführt. In dem Forschungsprojekt ging es neben der Prüfung der Kosteneffizienz von Gewässerschutzmaßnahmen lediglich um die Prüfung eines Ausnahmetatbestandes – der Inanspruchnahme abweichender Bewirtschaftungsziele aufgrund unverhältnismäßig hoher Kosten.

Im Rahmen der Aktualisierung und Fortschreibung des niedersächsischen Beitrags zu den Bewirtschaftungsplänen und Maßnahmenprogrammen für den 3. WRRL-Zyklus wurden Teilergebnisse des Forschungsprojektes durch MU bzw. den NLWKN für die Herleitung und Begründung weniger strenger Bewirtschaftungsziele für den Wasserkörper Halsebach genutzt (siehe Niedersächsisches Ministerium für Umwelt, Energie, Bauen und Klimaschutz 2020a und 2020b). Wertvolle Erkenntnisse aus der ersten Praxisanwendung der durch die webod.gbr entwickelten Verfahren wurden in die weitere Überarbeitung für die nun vorliegende Veröffentlichung einbezogen.

Die in diesem Buch vorgestellten *Göttinger Prüfverfahren* beziehen alle in Artikel 4 der Wasserrahmenrichtlinie aufgeführten Ausnahmetatbestände in die Betrachtung ein: Fristverlängerungen nach Art. 4 Abs. 4, weniger strenge Umweltziele nach Art. 4 Abs. 5, vorübergehende Verschlechterungen nach Art. 4, Abs. 6 sowie Verschlechterungen nach Art. 4, Abs. 7. Berücksichtigt wird auch die

Ausweisung künstlicher oder erheblich veränderter Wasserkörper nach Art. 4, Abs. 3, die in der juristischen Literatur nicht immer zu den Ausnahmetatbeständen gezählt wird. Im Zuge dieser Erweiterung des Anwendungsfeldes der *Göttinger Prüfverfahren* wurde auch deren Aufbau neu konzipiert.

Die regionale Kennzeichnung der Prüfverfahren als *Göttinger Prüfverfahren* bedeutet nicht, dass diese Verfahren nur in Göttingen eingesetzt werden können, sondern wurde gewählt, weil die Prüfverfahren in Göttingen entwickelt wurden.

Als die Arbeiten an dem Buch begannen, waren alle drei Autorinnen/Autoren Gesellschafter der Beratungsgesellschaft webod.gbr. Eine der Autorinnen/Autoren dieses Buches, Katharina Raupach ist nicht mehr als Gesellschafterin für webod.gbr tätig, sondern arbeitet nun im Niedersächsischen Ministerium für Umwelt, Energie und Klimaschutz. Nichtsdestotrotz ist das vorliegende Buch eine Gemeinschaftsarbeit, an der alle drei aufgeführten Autorinnen/Autoren gleichermaßen mitgewirkt haben.

Ein herzlicher Dank geht an Rudolf Gade für das Verfassen eines Geleitwortes, an Ann Kathrin Buchs und Juliane Grüneberg für ihre Mitwirkung an dem diesem Buch zugrunde liegenden Forschungsprojekt sowie an Nina Lindstedt und Johanna Menke für ihr sorgfältiges Korrekturlesen. Wir möchten uns auch beim Niedersächsischen Ministerium für Umwelt, Energie und Klimaschutz für die Genehmigung der Veröffentlichung ausgewählter Daten und Informationen aus dem Forschungsprojekt zur Veranschaulichung bedanken. Die Beispiele tragen sicher zum Verständnis hinsichtlich der Anwendung der *Göttinger Prüfverfahren* bei.

Abschließend eine Bitte an die geneigten Leserinnen/Leser: wir würden uns freuen, von Ihnen Kommentare, Anregungen und Nachfragen – gerne auch kritischer Natur – zu erhalten. Sie erreichen uns per E-Mail unter info@webod.de.

Geleitwort

Die WRRL trat im Jahr 2000 mit dem ambitionierten Ziel in Kraft, dass alle Wasserkörper bis 2015, spätestens aber bis 2027 die von der Richtlinie definierten Umweltziele erreichen sollen. Für die Erreichung dieser Umweltziele stellen die Mitgliedsstaaten Maßnahmenprogramme auf, in die jeweils die kosteneffizientesten Maßnahmenkombinationen Aufnahme finden sollen (WRRL, Art. 11 und Anhang III).

Bei der Darlegung der Kostenwirksamkeit wurde bisher durch den impliziten Nachweis über die Analyse und Darstellung der Effizienz der wasserwirtschaftlichen Strukturen und Planungsprozesse davon ausgegangen, dass so auch effiziente Maßnahmenprogramme aufgestellt werden (prozessorientierter Ansatz). Eine standardisierte Vorgehensweise für den expliziten Nachweis der Kostenwirksamkeit einzelner Maßnahmen fehlte bislang und wird in diesem Buch erstmals dargestellt. Dieser Nachweis ist vom Gesetzgeber generell gefordert und kann mit dem in diesem Buch vorgestellten Verfahren (*Göttinger Prüfverfahren zur Feststellung der Kosteneffizienz von Maßnahmen*) vollumfänglich auf Basis der Einzelmaßnahme durchgeführt werden.

Aktuell zeichnet sich jedoch ab, dass sowohl in Deutschland als auch europaweit große Teile der Wasserkörper im laufenden zweiten Bewirtschaftungszyklus die Richtlinienziele verfehlen und auch nach Ende des dritten Zyklus nicht alle Wasserkörper den geforderten guten ökologischen und chemischen Zustand (Oberflächengewässer) bzw. guten mengenmäßigen und chemischen Zustand (Grundwasser) erreicht haben werden. Es zeigt sich, dass die Erreichung eines mindestens guten Zustandes bis Ende des ersten Bewirtschaftungszyklus nur für 8,2% der Wasserkörper erreicht wurde (BMUB & UBA 2016). Ist die Erreichung der Ziele der WRRL aus verschiedenen Gründen nicht (vollumfänglich) möglich, ermöglicht der Gesetzgeber neben der Inanspruchnahme von Fristverlängerungen auch die Festlegung abweichender Bewirtschaftungsziele u. a. aufgrund unverhältnismäßig hoher Kosten. Die europäischen Mitgliedstaaten stehen somit vor der Herausforderung, für einzelne Wasserkörper abweichende Bewirtschaftungsziele festlegen zu müssen. Dabei bleibt die Pflicht, den jeweils bestmöglichen Umweltzustand zu erreichen, weiterhin bestehen. In Niedersachsen stellt sich diese Frage aufgrund der vorherrschenden Nutzungen der Gewässer in der über Jahrhunderte entwickelten Kulturlandschaft in besonderem Maße. Beispiele sind die Marschengewässer, die durch 1000-jährigen Bergbau beeinflussten Harzvorlandgewässer, aber auch Fließgewässer, die durch Wasserentnahmen zur Trinkwasserversorgung von Ballungszentren beeinflusst sind.

Bereits seit einigen Jahren wird in Deutschland darüber diskutiert, inwiefern Schwellenwerte zur vereinfachten Ermittlung von Wasserkörpern, für die diese Ausnahmen gerechtfertigt erscheinen, angewendet werden sollten. Es wurden Ansätze entwickelt für die Einschätzung, ob die Kosten für die Herstellung des guten Umweltzustandes oberhalb bestimmter Durchschnittskosten liegen („Leipziger Ansätze", z. B. Klauer et al. 2015). Diese Ansätze bieten eine gute Orientierung, ob eine Unverhältnismäßigkeit der Kosten potentiell vorliegen könnte. Allerdings sind für die tatsächliche Inanspruchnahme weniger strenger Umweltziele bzw. abweichender Bewirtschaftungsziele aufgrund unverhältnismäßiger Kosten sowie die entsprechende Begründung vor der Europäischen Kommission weitere und umfangreichere Prüfungen erforderlich. Dies gilt ebenso für die weiteren Ausnahmetatbestände. Diese Prüfungen können mit den in diesem Buch vorgestellten *Göttinger Prüfverfahren* zur Inanspruchnahme von Ausnahmen auf Grund unverhältnismäßig hoher Kosten vollumfänglich durchgeführt werden.

Ein wesentlicher Unterscheidungspunkt, in dem das Göttinger Vorgehen über die Leipziger Kostenschwellen-Ansätze hinausgeht, ist, dass die Leipziger Ansätze nur Maßnahmen zur Erreichung der Umweltziele berücksichtigen. Die WRRL fordert jedoch beim Vorliegen einer anhaltenden menschlichen Tätigkeit als Ursache für die Nichterreichung des guten Umweltzustandes einerseits eine Prüfung von Maßnahmen zur Erreichung der Umweltziele, z. B. durch die Aufgabe der anhaltenden menschlichen Tätigkeit, die die Zielerreichung verhindert. Andererseits fordert die Richtlinie darüber hinausgehend eine Prüfung der Ersatzaktivitäten, die der Sicherstellung der sozioökonomischen Erfordernisse anstelle der anhaltenden menschlichen Tätigkeit dienen, auf Unverhältnismäßigkeit. Diesen Punkt erfüllen die Göttinger Prüfverfahren, wie am Beispiel des Prüfverfahrens für weniger strenge Umweltziele verdeutlicht wird.

Die Inanspruchnahme abweichender Bewirtschaftungsziele sowie der übrigen Ausnahmen ist entsprechend den Anforderungen der Richtlinie umfassend und transparent zu begründen. Nach bisherigem Stand werden auf EU-Ebene in Bezug auf die verwendeten Informationen und die eingehende Bewertung wesentlich strengere Maßstäbe an die Prüfung auf abweichende Bewirtschaftungsziele als an die Prüfung auf Fristverlängerung angelegt (CIS 2009, 18; vgl. auch Reese, 2016). Es stellt sich die Frage, inwiefern die alleinige Berücksichtigung des Erfüllungsaufwandes, wie bei den Leipziger Kostenschwellen-Ansätzen vorgenommen, den Anforderungen genügt. Das Göttinger Vorgehen ist auf Basis der EU-Anforderungen entwickelt worden und wird diesen gerecht. Es erfüllt auch die Anforderung der frühzeitigen Einbindung von Stakeholdern, da die entscheidungsrelevanten Informationen in Form von Fragekatalogen unter aktiver Einbindung der relevanten Akteure erfasst und strukturiert werden. Die einzelnen sozioökonomischen Bewertungsschritte werden transparent dargelegt und lassen sich im Detail nachvollziehen. Das Ergebnis stellt eine fachliche Entscheidungshilfe insbesondere für die politische Entscheidung über die Inanspruchnahme von Ausnahmen sowie eine Argumentationsgrundlage für den gesellschaftlichen Diskurs dar. Es ist ferner eine Grundlage für die Erfüllung der Berichtspflicht gegenüber der Europäischen Kommission.

Eingang in die Verwaltungspraxis hat bereits das von webod.gbr entwickelte MSRL-Prüfschema (webod.gbr 2015) gefunden, mit dem bereits zahlreiche Maßnahmen für die Umsetzung der Meeresstrategie-Rahmenrichtlinie (MSRL) bewertet wurden. Diese Bewertungen fanden mit Unterstützung der webod.gbr statt. Aufgrund der vielen Einzelmaßnahmen, die für die Erreichung der WRRL-Umweltziele erforderlich sind, ergibt sich für die zukünftige Anwendung der Göttinger WRRL-Prüfverfahren die Frage, wie diese so in den Verwaltungsalltag integriert werden kann, dass die Verwaltung diese auch ohne externe Unterstützung durchführen kann.

Generell ist jeweils auch der Aufwand der ökonomischen Analyse zu berücksichtigen. Bei kostenintensiven Maßnahmen oder Standardmaßnahmen, die an einer Vielzahl vergleichbarer Wasserkörper durchgeführt werden, ist der Aufwand grundsätzlich gerechtfertigt. Ebenso erscheint eine detaillierte Erfassung der sozioökonomischen Auswirkungen bei Maßnahmen, die ein hohes Konfliktpotenzial erwarten lassen, gerechtfertigt, weil das Ergebnis als Argumentationshilfe dienen kann. Bei kleinen, konfliktarmen Maßnahmen stellt sich die Frage, ob alle Kostengruppen bewertet werden müssen oder ob in diesen Fällen eine Fokussierung auf die Berücksichtigung der direkten Maßnahmenkosten genügt. Hier ergibt sich die Frage, ob ein Schema, anhand dessen die Maßnahmenzuordnung erfolgen kann (z. B. auf der Basis der erwarteten Gesamtkosten der Einzelmaßnahme und ihres Konfliktpotenzials), erarbeitet werden sollte.

Rudolf Gade

Ehemaliger Referatsleiter Oberflächen und Küstengewässer, Meeresschutz im Niedersächsischen Ministerium für Umwelt, Energie und Klimaschutz

Einleitung

Mit der europäischen Wasserrahmenrichtlinie (WRRL 2000/60/EG) fanden ökonomische Anforderungen Einzug in die Europäische Gewässerpolitik. Dabei soll im Rahmen der Umsetzung der WRRL den 3 Säulen der Nachhaltigkeit – Ökologie, Ökonomie und Soziales – Rechnung getragen werden. Primär fokussiert die WRRL auf die Erreichung wichtiger Umweltziele in Form der Erreichung bzw. des Erhalts eines guten Zustandes des gesamten Grundwassers sowie aller oberirdischen Gewässer (Säule „Ökologie"). Um diese Ziele mit dem minimal möglichen Budget zu erreichen, fordert die Richtlinie die Aufnahme kosteneffizienter Maßnahmenkombinationen in das Maßnahmenprogramm (Säule „Ökonomie"). Gleichzeitig haben die Ersteller der Richtlinie die Möglichkeit mitgedacht, dass die Ziele nicht sofort, nicht überall und zu jedem Preis erreicht werden können und die Möglichkeit der Inanspruchnahme von Abweichungen oder Ausnahmen im weiten Sinne geschaffen und dieses insbesondere über die Unverhältnismäßigkeit von Kosten zu begründen. Dieses trägt der Säule „Soziales" Rechnung, indem wichtige gesellschaftliche Erfordernisse und Effekte in die Überlegungen einzubeziehen sind.

Deutschland liegt zu Beginn des dritten Zyklus weit hinter der Erreichung der ambitionierten Ziele der WRRL zurück[1]. Gleichzeitig endet mit Ende des 3. Zyklus die Möglichkeit, Fristverlängerungen in Anspruch zu nehmen (außer für natürliche Gegebenheiten). Mit dem 3. Zyklus ändern sich zudem die Anforderungen an die Bewirtschaftungsplanung, indem eine Vollplanung zu erstellen ist. Darüber hinaus hat die Bund/Länder-Arbeitsgemeinschaft Wasser (LAWA) über ihren Expertenkreis *Wirtschaftliche Analyse* eine Kostenschätzung vornehmen lassen, welche Gesamtkosten insgesamt noch für die Umsetzung der WRRL zur Erreichung der Ziele in den deutschen Anteilen an den Flussgebietseinheiten erforderlich sind.

---

[1] UBA (2021): 20 Jahre Wasserrahmenrichtlinie: Empfehlungen des Umweltbundesamtes. Dessau-Rosslau, Position // Januar 2021.

Dieses ist insgesamt eine Summe von rd. 61,5 Milliarden Euro[2]. Angesichts dieser Summe sowie des hohen Zeitdrucks bis zur Pflicht des Erreichens der Umweltziele ist davon auszugehen, dass der sparsame Umgang mit den Mitteln für die Maßnahmen stärker in den Fokus rücken wird. Andererseits ist auch von einer vermehrten Inanspruchnahme von Ausnahmetatbeständen unter Begründung der Unverhältnismäßigkeit des Aufwands auszugehen. Die EU-rechtskonforme Begründung der Ausnahmen gewinnt auch mit Blick auf die Distanz zur WRRL-Zielerreichung und Klagen der EU-Kommission gegen Deutschland im Bereich anderer Umwelt-Richtlinien (Nitrat, FFH) an Bedeutung. Sowohl für den expliziten Nachweis der Kosteneffizienz von Maßnahmen bzw. Maßnahmenkombinationen als auch für die EU-rechtskonforme Begründung von Ausnahmen fehlten in Deutschland jedoch bislang standardisierte Vorgehensweisen. Diese Lücke wird mit der vorliegenden Publikation geschlossen.

Die hier vorgestellten standardisierten Prüfverfahren zur Feststellung der Kosteneffizienz und der Kostenunverhältnismäßigkeit erfüllen zwei Bedingungen.

Zum einen tragen sie den Vorgaben der WRRL zur Prüfung auf Kosteneffizienz bzw. Kostenunverhältnismäßigkeit Rechnung. Diese Vorgaben finden sich nicht nur im Richtlinientext, sondern auch in den Ausführungsdokumenten, die von der Europäischen Kommission zusammen mit Expertinnen/Experten erarbeitet wurden. Zum anderen sind die Prüfverfahren praxistauglich. Die Wasserwirtschaftsverwaltung muss die Verfahren folglich ohne großen Mehraufwand für die gesamte Vielfalt der möglichen Gewässerschutzmaßnahmen einsetzen können.

Das *Göttinger Prüfverfahren zur Feststellung der Kosteneffizienz von Maßnahmen* besteht aus einem Prüfkatalog (siehe Abbildung 1). Die *Göttinger Prüfverfahren zur Inanspruchnahme von Ausnahmen*

---

[2] LAWA (2021): Kosten der Umsetzung der EG-Wasserrahmenrichtlinie in Deutschland. https://www.lawa.de/documents/abschlussbericht_kosten_umsetzung_eg_wrrl_1623929187.pdf

aufgrund unverhältnismäßig hoher Kosten bestehen aus mehreren Prüfkatalogen (siehe Abbildung 2).

Abbildung 1: Übersicht – Göttinger Prüfverfahren zur Feststellung der Kosteneffizienz von Maßnahmen.
Quelle: Eigene Darstellung.

Abbildung 2: Übersicht – Göttinger Prüfverfahren zur Inanspruchnahme von Ausnahmen aufgrund unverhältnismäßig hoher Kosten.
Quelle: Eigene Darstellung.

Im ersten Teil dieses Buches geht es um die Prüfung der Kosteneffizienz von Gewässerschutzmaßnahmen.

Zunächst wird die aktuelle Situation dargestellt. Was die Prüfung der Kosteneffizienz betrifft, so gibt es eine Empfehlung der Bund/Länder-Arbeitsgemeinschaft Wasser (LAWA) – den prozessorientierten Ansatz. Dieser Ansatz, der bislang keine explizite Prüfung auf Kosteneffizienz enthält, wird in Kapitel I.1 erläutert und in Kapitel I.2 am Beispiel von Niedersachsen verdeutlicht.

In Kapitel I.3 werden die Anforderungen erläutert, die von der WRRL an die Kosteneffizienzprüfung gestellt werden. Die WRRL verlangt u. a., dass der Nachweis der Kosteneffizienz von Gewässerschutzmaßnahmen unter Berücksichtigung der gesellschaftlichen Maßnahmenkosten erfolgt. Um diese Vorgabe zu erfüllen, muss eine explizite Prüfung auf Kosteneffizienz durchgeführt werden.

Zur Entwicklung eines expliziten Prüfverfahrens auf Kosteneffizienz hat das Niedersächsische Ministerium für Umwelt, Energie und Klimaschutz 2015 ein Projekt initiiert.

Das Projekt wurde an die webod.gbr vergeben. Diese hatte zuvor im Auftrag des Bund/Länder-Ausschusses Nord- und Ostsee ein Bewertungsschema entwickelt, das in Deutschland eingesetzt wird, um den von der Meeresstrategierahmenrichtlinie (MSRL, Richtlinie 2008/56/EG) vorgeschriebenen Nachweis der Kostenwirksamkeit von Meeresschutzmaßnahmen zu erbringen und die ebenfalls vorgeschriebene Folgenabschätzung inklusive Kosten-Nutzen-Analyse durchzuführen.

Das MSRL-Prüfschema bildete den Ausgangspunkt für die Projektarbeiten, aus denen das *Göttinger Prüfverfahren zur Feststellung der Kosteneffizienz von Maßnahmen* hervorgegangen ist. Die webod.gbr hat ihren Sitz in Göttingen.

Struktur und Vorgehensweise des *Göttinger Prüfverfahrens*, das kosteneffiziente Maßnahmen identifiziert, wird in Kapitel I.4 ausführlich erläutert.

Das 2015 initiierte Projekt des Niedersächsischen Ministeriums für Umwelt, Energie und Klimaschutz verfolgte noch ein zweites Ziel, nämlich die Entwicklung eines Verfahrens zur Beurteilung der Verhältnismäßigkeit bzw. Unverhältnismäßigkeit der Kosten von Gewässerschutzmaßnahmen. Daraus sind die *Göttinger Prüfverfahren* zur Inanspruchnahme von Ausnahmen aufgrund unverhältnismäßig hoher Kosten hervorgegangen, die in Teil II dieses Buches vorgestellt werden.

Im ersten Kapitel von Teil II (Kapitel II.1) werden die Anforderungen der WRRL für die Inanspruchnahme von Ausnahmen aufgrund unverhältnismäßig hoher Kosten erläutert. Anschließend (Kapitel II.2) wird der Stand der Diskussion in Deutschland dargestellt.

Deutlich wird, dass die bisherigen Ausarbeitungen und Empfehlungen die Anforderungen der WRRL nicht vollumfänglich erfüllen. Besonders problematisch ist, dass nicht alle gesellschaftlichen Maßnahmenkosten berücksichtigt werden. Als Folge davon werden nicht alle gerechtfertigten Ausnahmen identifiziert. Unter verschiedenen, realistischen Bedingungen werden Gewässerschutzmaßnahmen durchgeführt, obwohl deren Kosten unverhältnismäßig hoch sind.

Im Folgekapitel (Kapitel II.3) wird gezeigt, dass die *Göttinger Prüfverfahren* solche Fehlurteile ausschließen, weil sie allen Anforderungen der WRRL genügen. Die Struktur und Vorgehensweise der *Göttinger Prüfverfahren* werden in den Kapiteln II.4. und II.5 erläutert.

Zur Veranschaulichung werden die *Göttinger Prüfverfahren zur Kosteneffizienz von Maßnahmen* und zur Inanspruchnahme von Ausnahmen aufgrund unverhältnismäßig hoher Kosten in den Kapiteln I.5 und II.6 und II.7 auf eine Entscheidungssituation aus der wasserwirtschaftlichen Praxis in Niedersachsen angewendet.

Das abschließende Kapitel des Buches enthält eine Zusammenfassung sowie einige abschließende Bemerkungen.

Für die in diesem Buch vorgestellten Prüfverfahren gilt:

1. Die *Göttinger Prüfverfahren* berücksichtigen sowohl die Vorgaben der WRRL als auch die Hinweise in den Ausführungsdokumenten zu Aufbau, Durchführung und Auswertung der Prüfungen der Kosteneffizienz und der Kostenunverhältnismäßigkeit. Die Ausführungsdokumente, die die Europäische Kommission zusammen mit

Expertinnen/Experten erarbeitet hat, sind rechtlich nicht bindend. Ihre Berücksichtigung ist aber allein deshalb sinnvoll, weil sie der Europäischen Kommission als Leitlinie bei der Konformitätsprüfung (dem sog. Compliance Check) dienen.

Grundlegend ist die Vorgabe, welche Kosten zu berechnen sind. Die WRRL versteht unter den Kosten einer Maßnahme die aus der Maßnahme resultierenden volkswirtschaftlichen Kosten. Die Kosten der Maßnahme für die gesamte Gesellschaft sind zu bestimmen, also die Kosten für den Staat, für die Unternehmen und für die privaten Haushalte. Damit ist es unzureichend, nur die finanziellen Maßnahmenkosten (Kosten für Arbeits- und Maschineneinsatz, für Material, Hilfsstoffe etc.) zu betrachten, denn die Größe der finanziellen Kosten gibt keinen Aufschluss darüber, wie hoch die volkswirtschaftlichen Kosten sind. Für die Bestimmung der volkswirtschaftlichen Kosten gibt es wohldefinierte ökonomische Bewertungsregeln. Diese werden von den *Göttinger Prüfverfahren zur Berechnung der volkswirtschaftlichen Maßnahmenkosten* verwendet.

Weiterhin relevant ist, dass nicht nur die Kosten von Gewässerschutzmaßnahmen auf ihre Verhältnismäßigkeit/Unverhältnismäßigkeit zu prüfen sind. Je nach Ausnahmetatbestand ist das Kriterium der Kostenunverhältnismäßigkeit anzuwenden (a) auf die Kosten von Gewässerschutzmaßnahmen, (b) auf die Kosten von Maßnahmen, die nicht auf den Gewässerschutz ausgerichtet sind oder (c) auf beide, und zwar die Kosten von Gewässerschutzmaßnahmen und die Kosten von Maßnahmen, die nicht auf Gewässerschutz ausgerichtet sind. Weshalb nach der WRRL auch Kosten von Maßnahmen betrachtet werden müssen, die nicht auf den Gewässerschutz ausgerichtet sind, wird in Kapitel II.2 und Kapitel II.3 erläutert. Die Kostenunverhältnismäßigkeitsprüfung unterscheidet sich also je nach Ausnahmetatbestand. Deshalb wurde für jeden

Ausnahmetatbestand ein spezielles *Göttinger Prüfverfahren zur Feststellung unverhältnismäßig hoher Kosten* entwickelt.

2. Die bereits erfolgten Bewertungen von Gewässerschutzmaßnahmen haben gezeigt, dass die *Göttinger Prüfverfahren* in der wasserwirtschaftlichen Verwaltungspraxis umgesetzt werden können. Die Verfahren sind so konzipiert, dass durch ihren Einsatz möglichst wenig Ressourcen der Wasserwirtschaftsverwaltung gebunden werden. Deshalb werden nur die Daten und Informationen genutzt, die man offiziellen Statistiken oder öffentlich zugänglicher Literatur entnehmen kann.

   Die einzelnen Prüfschritte der *Göttinger Prüfverfahren* sind in standardisierten Prüfkatalogen zusammengefasst. Auch für Nicht-Ökonomen ist die Sachlogik der Prüfkataloge nachvollziehbar, zumal die Prüfkataloge durch eine Daten- und Berechnungsgrundlage ergänzt werden. Die Prüfkataloge sind so ausgestaltet, dass sie für die große Vielzahl von Gewässerschutzmaßnahmen unterschiedlichster Maßnahmenkategorien genutzt werden können.

3. Weder in dem *Göttinger Prüfverfahren zur Feststellung der Kosteneffizienz von Maßnahmen* noch in den *Göttinger Prüfverfahren* zur Kostenunverhältnismäßigkeit gibt es einen numerischen Schwellenwert, der anzeigt, ob die jeweilige Maßnahme kosteneffizient oder nicht kosteneffizient ist, bzw. ob die Kosten der Maßnahme verhältnismäßig oder unverhältnismäßig sind. Diese Beurteilungen bleiben der Wasserwirtschaftsverwaltung bzw. den politischen Entscheidungsträgern vorbehalten. Die *Göttinger Prüfverfahren* stellen eine fachliche Entscheidungshilfe sowie eine Argumentationshilfe für den gesellschaftlichen Diskurs dar. Sie zeigen transparent und nachvollziehbar, auf welcher Grundlage die Feststellung der Kosteneffizienz oder der Kostenunverhältnismäßigkeit basiert. Die Entscheidung selbst ist durch keine entscheidungsbestimmende „wenn…dann – Sequenz" festgelegt, sondern bleibt der zuständigen Behörde vorbehalten.

Abschließend folgender Hinweis für die Leserinnen/Leser: Die *Göttinger Prüfverfahren* weisen zwar – wie oben erläutert – viele Gemeinsamkeiten auf. Sie sind jedoch so konzipiert, dass die Prüfverfahren zur Kosteneffizienz von Maßnahmen und zur Inanspruchnahme von Ausnahmen unabhängig voneinander sind. Deshalb sind auch die Ausführungen in Teil I und Teil II dieses Buches jeweils in sich abgeschlossen. Wer sich also lediglich über die *Göttinger Prüfverfahren* zur Inanspruchnahme von Ausnahmen informieren möchte, der kann direkt zu Teil II übergehen.

I Feststellung der Kosteneffizienz

1. Begründung der Kosteneffizienz von Maßnahmen seit dem zweiten Bewirtschaftungszyklus

Für die Mitgliedstaaten bestand im Rahmen der Erstellung der Maßnahmenprogramme für den ersten Bewirtschaftungszyklus erstmals zum Jahre 2009 die Berichtspflicht des Nachweises der Kosteneffizienz von Maßnahmen. Dabei handhabten die Flussgebietsgemeinschaften, der Bund und die Bundesländer den Umgang mit dieser Anforderung strukturell und inhaltlich zum Teil sehr unterschiedlich.

Mit dem Schreiben vom 07.02.2012 teilte die Europäische Kommission der Bundesrepublik Deutschland im Rahmen des Compliance Check eine erste Einschätzung zu den vorgelegten Bewirtschaftungsplänen mit. Neben inhaltlichen Beanstandungen wurden von der Europäischen Kommission die zum Teil unterschiedlichen Herangehensweisen innerhalb Deutschlands für die Berichterstattung bemängelt. Im Nachgang des Berichtswesens zum ersten Bewirtschaftungszyklus wurde durch den sogenannten Chiemsee-Prozess der Bund/Länder-Arbeitsgemeinschaft Wasser (LAWA) darauf reagiert und ein bundesweiter Harmonisierungsprozess für die Umsetzung der Richtlinie in Gang gesetzt. Eines der zentralen Produkte dieses Harmonisierungsprozesses in Hinblick auf die ökonomischen Anforderungen ist die „LAWA Handlungsempfehlung für die Aktualisierung der wirtschaftlichen Analyse" (vgl. LAWA 2015a). Auch der Nachweis der Kosteneffizienz wurde im ersten Bewirtschaftungszyklus unterschiedlich gehandhabt. Entsprechend beinhaltet die Handlungsempfehlung zum Nachweis der Kosteneffizienz einen Mustertext zum prozessorientierten Ansatz.

Der prozessorientierte Ansatz wurde im Rahmen eines Gutachtens für das niedersächsische Ministerium für Umwelt, Energie und Klimaschutz von einer Vorgängergesellschaft der webod.gbr entwickelt.

Der folgende Abschnitt wurde vom LAWA Expertenkreis *Wirtschaftliche Analyse* auf der Basis der Argumentation des sogenannten prozessorientierten Ansatzes entwickelt und den Mitgliedern zur Nutzung im Rahmen der Aufstellung der Bewirtschaftungspläne und Maßnahmenprogramme empfohlen.

„Zur Erreichung eines guten Gewässerzustands fordert die WRRL die Durchführung von Maß-nahmen, die gemäß Art. 11 in einem Maßnahmenprogramm festzulegen sind. Bei der Auswahl dieser Maßnahmen muss das ökonomische Kriterium der Kosteneffizienz berücksichtigt werden. So lautet die Anforderung im Anhang III der Richtlinie: „Die wirtschaftliche Analyse muss (unter Berücksichtigung der Kosten für die Erhebung der betreffenden Daten) genügend Informationen in ausreichender Detailliertheit enthalten, damit
– […]
– b) die in Bezug auf die Wassernutzung kosteneffizientesten Kombinationen der in das Maßnahmenprogramm nach Artikel 11 aufzunehmenden Maßnahmen auf der Grundlage von Schätzungen ihrer potentiellen Kosten beurteilt werden können."

Vor diesem Hintergrund wurden auf europäischer sowie nationaler Ebene eine Reihe von Leit-fäden und anderen Dokumenten erstellt, sowie Projekte durchgeführt, die geeignete Verfahren und Methoden zum Nachweis der Kosteneffizienz, hier in erster Linie verschiedene Ansätze der Kosten-Nutzen-Analysen, beschreiben und exemplarisch zur Anwendung bringen. Diese Art des Einsatzes von expliziten Kosten-Nutzen-Analysen wird in Deutschland nur bedarfsweise für einzelne Maßnahmen und ausgewählte Maßnahmenbündel durchgeführt. Die bisherigen Ergebnisse zeigen, dass das Instrumentarium der Kosten-Nutzen-Analyse (bzw. der Kosten-Wirksamkeitsanalyse) bei der Anwendung in der täglichen Praxis zu sinnvollen und entscheidungsunterstützenden Lösungen führen kann, aber auch an seine Grenzen stößt. Letzteres ist unter anderem dem Umstand geschuldet, dass bei diesen Verfahren mehrere Maßnahmenalternativen miteinander verglichen werden müssen, um Aussagen zur Entscheidungsunterstützung treffen zu können. Die Erfahrungen zeigen, dass die Situation am Gewässer in der Regel sehr komplex ist und tatsächliche Alternativen in der Praxis nicht immer vorliegen bzw. bereits früh im Entscheidungsprozess aus Gründen der Effektivität oder aus praktischen Gründen ausscheiden. Zudem ist die Kosteneffizienz kein festes Attribut der Einzelmaßnahmen, sondern ein Resultat des gesamten Maßnahmenidentifizierungs- und Maßnahmenauswahlprozesses. Ein Ranking von Einzelmaßnahmen nach einem eindimensionalen Kosten-Wirksamkeits-Verhältnis ist daher nur unter bestimmten Bedingungen möglich und zweckmäßig. Bei der hohen Anzahl an Einzelmaßnahmen und Maßnahmenbündeln ist die explizite Durchführung von Kosten-Nutzen-Analysen für jede einzelne Maßnahme in erster Linie wegen des verfahrenstechnischen Aufwands unverhältnismäßig. Auch der monetäre Aufwand für einen expliziten Nachweis muss im Verhältnis zu den eigentlichen Maßnahmenkosten stehen. Dies ist insbesondere bei Kleinmaßnahmen, die mit einem geringen monetären Aufwand einhergehen, nicht gegeben.

Daher werden in Deutschland anstelle von expliziten rechnerischen Wirtschaftlichkeitsunter-suchungen andere, in das Planungsverfahren integrierte Wege beschritten, um Kosteneffizienz bei der Maßnahmenplanung sicherzustellen. Methodisch beruht dieses Vorgehen auf dem Metakriterium der organisatorischen Effizienz.

Die Existenz bestehender wasserwirtschaftlicher Strukturen und Prozesse bietet die Möglichkeit, andere methodischer Wege zur Sicherstellung der Kosteneffizienz zu beschreiten. In Deutschland werden die Maßnahmen in fest etablierten und zudem gesetzlich geregelten wasserwirtschaftlichen Strukturen und Prozessen identifiziert bzw. geplant, ausgewählt und priorisiert. Innerhalb dieser Prozesse und Strukturen findet wiederum bereits eine Vielzahl von Mechanismen und Instrumenten Anwendung, die die Kosteneffizienz von Maßnahmen gewährleistet. Beim Durchlauf der Maßnahmen zur Umsetzung der WRRL durch mehrere Planungs- bzw. Auswahlphasen werden die Maßnahmen schrittweise konkretisiert bzw. priorisiert. Die Frage der Kosteneffizienz der Maßnahmen stellt sich in allen Phasen der Maßnahmenidentifizierung und -auswahl; letztlich ist Kosteneffizienz Teil des Ergebnisses des gesamten Planungs- und Auswahlprozesses. In den einzelnen Phasen sind die Mechanismen und Instrumente, die zur Gewährleistung der Kosteneffizienz beitragen, unterschiedlich und ergänzen sich.

Obwohl das Vorgehen zur Maßnahmenfindung und -auswahl nach Bundesland, nach Gewässertyp, nach Maßnahmenart, nach Naturregion und vielen weiteren Parametern variieren kann, gilt generell in Deutschland, dass eine Vielzahl von ähnlichen Mechanismen auf den verschiedenen Entscheidungsebenen zum Tragen kommt und damit (Kosten-) Effizienz von Maßnahmen im Rahmen der Entscheidungsprozesse gesichert wird. Zu den wesentlichen Instrumenten und Mechanismen, die bundesweit die Auswahl kosteneffizienter Maßnahmen unterstützen, zählen Verfahrensvorschriften für eine wirtschaftliche und sparsame Ausführung von Vorhaben der öffentlichen Hand. Das Haushaltsrecht sieht für finanzwirksame Maßnahmen von staatlichen und kommunalen Trägern angemessene Wirtschaftlichkeitsuntersuchungen vor. Bei staatlich geförderten Bauvorhaben ist im Zuwendungsverfahren eine technische und wirtschaftliche Prüfung erforderlich. Durch Ausschreibung von Maßnahmen nach Vergabevorschriften (VOB, VOL, VOF) wird schließlich ebenfalls Kosteneffizienz bei der Ausführung der Maßnahmen im Marktwettbewerb sichergestellt. Neben diesen Vorgaben zu expliziten Wirtschaftlichkeitsuntersuchungen spielen die vorhandenen Strukturen und Prozesse sowie ihre Interaktion bei der Auswahl kosteneffizienter Maßnahmen eine Rolle. So kann z. B. die Aufbau- oder Ablauforganisation einer am Entscheidungsprozess beteiligten Institution ebenfalls zur Auswahl kosteneffizienter Maßnahmen beitragen. In den nächsten Jahren wird dieser prozessorientierte Ansatz zur Unterstützung des Nachweises der Kosteneffizienz in der Bundesrepublik Deutschland

weitergehend in Anspruch genommen, methodisch ausgebaut und weiterentwickelt werden."
(LAWA 2015a: Kapitel 5)

Der prozessorientierte Ansatz soll von den Bundesländern im dritten Bewirtschaftungszyklus zur Dokumentation der Kosteneffizienz im Rahmen des Auswahl- und Identifizierungsprozesses von Maßnahmen genutzt werden (siehe LAWA 2020).

2. Umfassende Maßnahmenfindungsprozesse als Grundlage für den prozessorientierten Ansatz: das Beispiel Niedersachsen

Für die Maßnahmenauswahl zur Erreichung der Ziele der Wasserrahmenrichtlinie in Niedersachsen war es für die ersten beiden Bewirtschaftungszyklen charakteristisch, dass die einzelnen Maßnahmen nicht durch starre staatliche Regelung (Top-down) verordnet, sondern durch die Beteiligung der Öffentlichkeit (Bottom-up) gemeinschaftlich mit den entsprechenden wasserwirtschaftlichen Akteuren entwickelt wurden. So war insbesondere im Bereich der Fließgewässer die Maßnahmenauswahl als ein iterativer Prozess vorgesehen. Während dieses Prozesses – angefangen mit der Identifizierung wichtiger Wasserbewirtschaftungsfragen – waren bei der Maßnahmenauswahl bzw. Maßnahmenplanung verschiedene Ebenen involviert, und zwar einzelne Maßnahmenträger, Gebietskooperationen und der Niedersächsische Landesbetrieb für Wasserwirtschaft, Küsten- und Naturschutz (NLWKN).

Für die Entstehung der Maßnahmenprogramme spielten die Gebietskooperationen eine bedeutende Rolle, die 2005 in Niedersachsen aufgrund eines Kabinettsbeschlusses für die einzelnen Bearbeitungsgebiete eingerichtet wurden. Diese Gremien setzen sich aus Vertretern der Gebietskörperschaften, Unterhaltungsverbände, Wasserversorger, Umweltverbände und des NLWKN zusammen. Im ersten Bewirtschaftungszyklus spielten sie bei der Entwicklung und Koordination der gewässerschutzbezogenen Maßnahmen eine zentrale Rolle.

Die von den Gremien entwickelten Maßnahmenvorschläge wurden an das Land bzw. an den NLWKN gemeldet. Auf Landesebene wurde dann im Weiteren die Auswahl von Maßnahmen(-kombinationen) und deren Priorisierung vorgenommen. Die Erarbeitung von Vorschlägen für Einzelmaßnahmen für die jeweiligen Gewässer erfolgte durch einzelne (potentielle) Maßnahmenträger. Maßnahmenträger bezeichnet im Folgenden die Institution oder Person, die einen Maßnahmenvorschlag identifiziert und ggf. umsetzt. Wie in Abbildung 3 dargestellt, finden zwischen den Ebenen Maßnahmenträger, Gebietskooperationen und dem Land (NLWKN) Rückkopplungen statt.

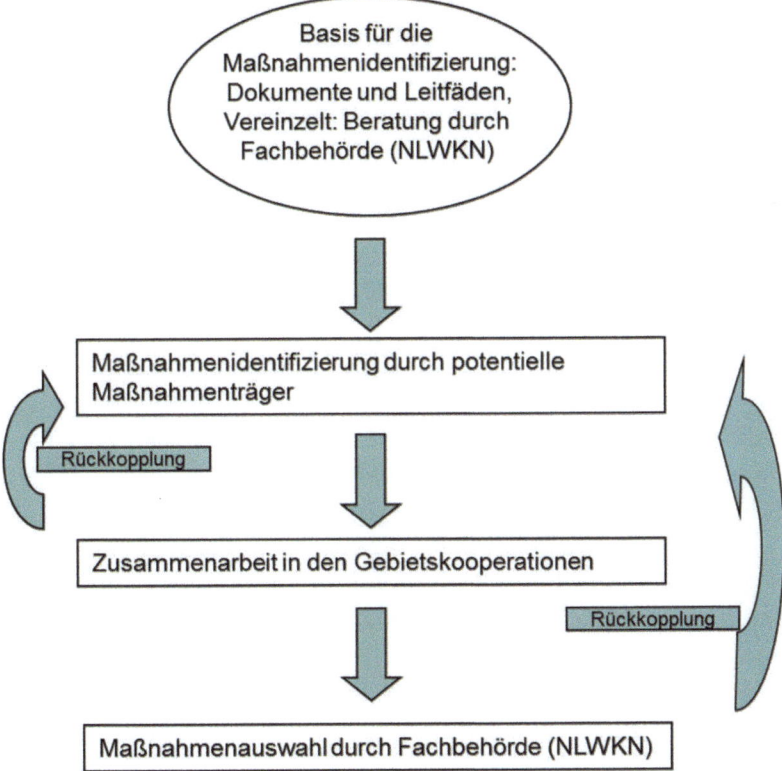

Abbildung 3: Die drei zentralen Ebenen der Maßnahmenplanung in Niedersachsen.
Quelle: verändert nach Niedersächsisches Ministerium für Umwelt, Energie und Klimaschutz (2013)

Um die Maßnahmenplanung und Umsetzung zusätzlich zu unterstützen, wurde in der zweiten Bewirtschaftungsperiode im Land Niedersachsen die Gewässerallianz etabliert. Dieser Ansatz wurde zunächst in Projektform bis Ende des Jahres 2018 eingeführt. Insgesamt nahmen zwölf Verbände am Projekt teil. Die Verträge mit den Allianzverbänden wurden bislang kontinuierlich verlängert, die derzeitige Laufzeit reicht bis 2025. Die Gewässerallianz beschreibt die freiwillige Kooperation des Landes Niedersachsen (vertreten durch den NLWKN) mit ausgewählten Unterhaltungsverbänden als regionale Partner. Diese Partner erhalten eine finanzielle Förderung für die personalintensive Umsetzung und fachkundige Begleitung von Maßnahmen und Aktivitäten zur optimierten Gewässerunterhaltung. Innerhalb der wasserwirtschaftlichen Strukturen vor Ort sind sogenannte Gewässerkoordinatoren für die Belange und Entwicklung ihrer Schwerpunktgewässer im Sinne der Wasserrahmenrichtlinie zuständig. Als Pendant zur Gewässerschutzberatung im Bereich Grundwasser zielt die Gewässerallianz darauf ab, die Maßnahmen zur Fließgewässerentwicklung an aussichtsreichen Gewässern noch zielgerichteter und effizienter an die fachlichen Erfordernisse und gewässerökologischen Defizite anzupassen.

Im Jahr 2009 hat das Land Niedersachsen eine Studie in Auftrag gegeben, um zu evaluieren, inwiefern der niedersächsische Maßnahmenfindungsprozess geeignet ist, ein kosteneffizientes Maßnahmenprogramm zu generieren. Die Studie[3] wurde von der Vorgängergesellschaft der webod.gbr durchgeführt.

Ein kosteneffizientes Maßnahmenprogramm setzt kosteneffiziente Einzelmaßnahmen voraus. Des-halb wurden in dieser Studie nicht nur die Maßnahmenprogramme betrachtet, die auf der Ebene der Gebietskooperationen und des Landes aufgestellt worden sind. Evaluiert wurde auch die Auswahl der einzelnen Maßnahmen auf der Ebene der Maßnahmenträger.

---

[3] Überprüfung des Prozesses zur Aufstellung des Maßnahmenprogramms auf Kosten-Effizienz sowie Durchführung einer Kosten-Effizienz-Analyse auf Basis einer noch zu konkretisierenden Fallstudie.

Die Studie kam zu dem Ergebnis, dass die vorhandenen niedersächsischen Wasserwirtschaftsstrukturen „in erheblichem Maße" zur Aufstellung eines kosteneffizienten Maßnahmenprogramms beitragen. In dem derzeitigen Prozess der Maßnahmenidentifizierung und -auswahl werden Maßnahmen entwickelt und ausgewählt, die in Hinblick auf die ökologische Wirksamkeit effektiv sind und die Kosteneffizienz implizit berücksichtigen (siehe Niedersächsisches Ministerium für Umwelt, Energie, Bauen und Klimaschutz 2009: 34f).

3. Zur Entwicklung des Prüfkatalogs zur Feststellung der Kosteneffizienz von Maßnahmen

Auswertung europäischer und nationaler Dokumente

Der Text der WRRL enthält keine Hinweise darauf, wie eine explizite Prüfung der Kosteneffizienz zu gestalten ist. Hier heißt es in Anhang III lediglich, dass kosteneffiziente Maßnahmenkombinationen zu identifizieren sind. Genau genommen ist in diesem Anhang nicht von kosteneffizienten, sondern von den kosteneffizientesten Maßnahmenkombinationen die Rede.

Im ökonomischen Sprachgebrauch ist „kosteneffizient" nicht steigerungsfähig. Eine Maßnahmenkombination ist kosteneffizient, wenn es keine andere realisierbare Maßnahmenkombination gibt, die dasselbe Ziel mit geringeren Kosten erreicht. In dem Fall sind die anderen Maßnahmenkombinationen alle nicht kosteneffizient.

Existiert eine Maßnahmenkombination, die dasselbe Ziel zu geringeren Kosten erreicht, so ist diese Maßnahmenkombination kosteneffizient und die zunächst betrachtete Maßnahmenkombination nicht kosteneffizient. Wenn zwei Maßnahmenkombinationen dasselbe Ziel zu gleichhohen Kosten erreichen, die geringer sind als die Kosten aller sonstigen realisierbaren Maßnahmenkombinationen, so sind beide Maßnahmenkombinationen kosteneffizient. Differenzierungen, die über „kosteneffizient" und „nicht kosteneffizient" hinausgehen, sind nicht möglich. In diesem Buch übernehmen wir den ökonomischen Sprachgebrauch.

In den Ausführungsdokumenten finden sich Angaben zu Aufbau, Durchführung und Auswertung einer Prüfung der Kosteneffizienz, die von der Europäischen Kommission zusammen mit ExpertInnen erarbeitet worden sind. Die einschlägigen Dokumente sind in Abbildung 4 zusammengestellt.

Europäische Ebene	Nationale Ebene
CEA Drafting Group (2006) Cost Effectiveness Analysis Document. CIS (2003) Public Participation in relation to the Water Framework Directive. Guidance Document No. 8. Common Implementation Strategy for the Water Framework Directive (2000/60/EC). CIS (2004) Assessment of Environmental and Resource Costs in the Water Framework Direcitver, Drafting Group Eco2, Working Group 2B. CIS (2007) Exemptions to the environmental objectives under the water framework directive – Article 4.4, Article 4.5 und 4.6. CIS (2009) Exemptions to the environmental objectives. Guidance Document No. 20. WATECO (2003) Economics and the environment. Guidance Document No. 1. Common Implementation Strategy for the Water Framework Directive (2000/60/EC). Water Directors (2008) Conclusion on Exemptions and Disproportionate Costs. Water Directors' meeting under Slovenian Presidency, Brdo, 16-17 June 2008.	LAWA (2012b) Leitlinien zur Durchführung dynamischer Kostenvergleichsrechnungen, 8. überarbeitete Auflage. LAWA (2015a) Handlungsempfehlung für die Aktualisierung der wirtschaftlichen Analyse.

Abbildung 4: Ausgewertete Dokumente für die Entwicklung des Prüfkatalogs zur Feststellung der Kosteneffizienz.
Quelle: verändert nach Abschlussbericht zur Entwicklung standardisierter Verfahren der Kosten-Wirksamkeitsanalyse und der Prüfung zur Inanspruchnahme abweichender Bewirtschaftungsziele aufgrund der Unverhältnismäßigkeit von Kosten im Rahmen der WRRL, 2017.

Im *Guidance Document No.1* und im *Cost Effectiveness Analysis Document* der CEA Drafting Group werden Aufbau, Durchführung sowie Auswertung einer Kosteneffizienzprüfung explizit thematisiert. Die Ausführungen in Annex D1 des *Guidance Document No. 1* basieren auf dem Kenntnisstand vor Beginn des Umsetzungsprozesses der WRRL. Das Dokument der CEA Drafting Group fasst die ersten Überlegungen zu Kosteneffizienzanalysen im Umsetzungsprozess der WRRL aus 15 Mitgliedstaaten zusammen. In den weiteren europäischen Dokumenten von Abbildung 4 findet man nur vereinzelt Ausführungen zur Kosteneffizienzanalyse. Generell gilt, dass einige Anforderungen in den Dokumenten konkret formuliert sind, während an anderen Stellen lediglich Empfehlungen oder Hinweise gegeben werden.

So ergeben die Ausführungen in den einschlägigen europäischen Dokumenten kein geschlossenes Bild. Sie enthalten kein detailliertes Gesamtkonzept einer Kosteneffizienzprüfung, sondern lediglich Hinweise zu einzelnen Aspekten.

Die europäischen Ausführungsdokumente lassen erkennen, dass die Durchführung von Kosteneffizienzanalysen von Gewässerschutzmaßnahmen zur Zeit der Veröffentlichung der Dokumente nicht oder nur wenig erprobt war. Die Mitgliedstaaten werden deshalb aufgefordert, eigene Methoden und Instrumente anzuwenden und mit der Zeit weiterzuentwickeln (CEA Drafting Group 2006 1.3, WATECO 2003: 205).

Die LAWA hat hierzu ein Buch (LAWA 2012b) und ein Kapitel in ihrer Handlungsempfehlung (LAWA 2015a) veröffentlicht (siehe Abb.2). Das Buch thematisiert die Vergleichbarkeit der Kosten von Gewässerschutzmaßnahmen bei sich jährlich unterscheidenden Kosten. Es wird eine standardisierte Methodik vorgestellt und in 12 Rechenbeispielen erläutert.

In Kapitel 5 der Handlungsempfehlung zur Durchführung der Wirtschaftlichen Analyse gemäß WRRL geht es um die Kosteneffizienz von Maßnahmen, es wird der prozessorientierte Ansatz beschrieben. Ein explizites Prüfverfahren zur Kosteneffizienz von Gewässerschutzmaßnahmen, das im Rahmen des prozessorientierten Ansatzes eingesetzt werden kann, ist von der LAWA aber nicht erarbeitet worden.

MSRL-Prüfschema als Ausgangspunkt

2015 hat das Niedersächsische Ministerium für Umwelt, Energie und Klimaschutz ein Projekt zur Entwicklung eines expliziten Prüfverfahrens zur Kosteneffizienz und der Entwicklung eines Prüfverfahrens zur Kostenunverhältnismäßigkeit (siehe Teil II) initiiert, das den Vorgaben der Europäischen Kommission genügt. Ein explizites Prüfverfahren muss insbesondere dem Verständnis der

Europäischen Kommission Rechnung tragen, was alles zu den Kosten einer Gewässerschutzmaßnahme zählt.

Mit der Bearbeitung wurde die webod.gbr beauftragt. Zu diesem Zeitpunkt war von der webod.gbr, im Rahmen der Umsetzung der ökonomischen Anforderungen der Meeresstrategierahmenrichtlinie (MSRL), bereits das MSRL-Prüfschema entwickelt worden.

Die Meeresstrategierahmenrichtlinie zielt als eine Umweltschutzrichtlinie auf einen verbesserten Schutz der Meeresgewässer ab. Analog zur WRRL ist die Erreichung eines guten ökologischen Zustands der Gewässer – hier der Meeresgewässer – in einem festgelegten Zeitraum vorgesehen. Ebenfalls analog zur WRRL enthält die MSRL zahlreiche ökonomische Anforderungen.

Zu diesen Anforderungen gehört auch der Nachweis, dass die ergriffenen Umweltschutzmaßnahmen kosteneffizient sind. Im deutschsprachigen MSRL-Text heißt es zwar „kostenwirksam" und nicht „kosteneffizient", die Begriffe kosteneffizient und kostenwirksam sind jedoch gleichbedeutend. So stimmt in den englischsprachigen Versionen in beiden Texten – der WRRL und der MSRL – die Begrifflichkeit überein.

Das von der webod.gbr entwickelte MSRL-Prüfschema beinhaltet eine standardisierte Kosten-Wirksamkeitsanalyse sowie eine Folgenabschätzung inklusive Kosten-Nutzen-Analyse, die für die gesamte Vielfalt der thematisch unterschiedlichen Maßnahmen zur Erreichung der verschiedenen Umweltziele der MSRL eingesetzt werden kann.

Deutschland hat das von der webod.gbr entwickelte Vorgehen der sozioökonomischen Bewertung am 31.03.2016 im Rahmen der MSRL Artikel 13 (Maßnahmenprogramm) Berichterstattung als Anlage 2 zu dem Textbericht an die Europäische Kommission gemeldet. Im Textbericht wird das Verfahren als einzusetzende Vorgehensweise beschrieben, die für die neuen Maßnahmen dann zum Einsatz kommen soll, wenn ein ausreichender Konkretisierungsgrad der Maßnahmen vorliegt.

Der kosteneffizienzanalytische Teil des MSRL-Prüfschemas bildete den Ausgangspunkt bei der Entwicklung des Prüfkatalogs zur Feststellung der Kosteneffizienz im Rahmen der WRRL. Für diese Entwicklung wurden alle in Abbildung 4 zusammengestellten, einschlägigen europäischen Dokumente ausgewertet. Die Ausführungsdokumente sind zwar rechtlich nicht bindend, sie zu beachten ist aber schon deshalb sinnvoll, weil sie der Europäischen Kommission als Leitlinie bei ihrer Konformitätsprüfung (dem sog. Compliance Check) dienen.

Anforderungen der EU an die Kosteneffizienzprüfung

Die wesentlichste, in den Ausführungsdokumenten festgelegte inhaltliche Anforderung an die Kosteneffizienzprüfung bezieht sich darauf, was unter „Kosten" zu verstehen ist. Hierzu ist im *Guidance Document No. 1* auf Seite 117 zu lesen:

> „Note, that the Directive defines costs as economic costs, which are the costs to society as a whole as opposed to financial costs, which are the costs to particular economic agents."

Der Nachweis der Kosteneffizienz muss also auf Basis der gesellschaftlichen Kosten der Gewässerschutzmaßnahme erfolgen.

Die gesellschaftlichen Kosten einer Gewässerschutzmaßnahme umfassen dann mehr als die finanziellen Maßnahmenkosten, wenn mit diesen Maßnahmen auch Auswirkungen auf Unternehmen und Privathaushalte verbunden sind. Dies ist dann der Fall, wenn eine der folgenden Bedingungen gegeben ist:

(a) Mit den Gewässerschutzmaßnahmen sind erhebliche finanzielle Maßnahmenkosten verbunden. Für Niedersachsen sind hierbei 500.000 Euro als Erheblichkeitsschwelle festgelegt:

> „Aufgrund des mit einer Kosteneffizienzprüfung verbundenen Aufwandes wird die Durchführung einer expliziten KWA lediglich für Maßnahmen, deren Kosten 500.000 € überschreiten, empfohlen.").
> (Niedersächsisches Ministerium für Umwelt, Energie, Bauen und Klimaschutz 2013: 37)

(b) Die Gewässerschutzmaßnahmen führen nicht nur bei einzelnen lokalen Unternehmen zu Produktionseinschränkungen oder Mehrkosten.

(c) Durch die Gewässerschutzmaßnahmen gehen Arbeitsplätze verloren.

(d) Mit den Gewässerschutzmaßnahmen sind erhebliche negative Umwelteffekte verbunden.

Liegt eine oder liegen mehrere der Bedingungen (a) bis (d) vor, dann sind mit den Gewässerschutzmaßnahmen auch Kosten für die Unternehmen und/oder Privathaushalte verbunden. In einem solchen Fall ist die Kosteneffizienz der Gewässerschutzmaßnahme durch einen expliziten Nachweis zu belegen. Mit dem *Göttinger Prüfverfahren zur Feststellung der Kosteneffizienz von Maßnahmen* kann eine entsprechende Prüfung durchgeführt werden. Es kann der Nachweis erbracht werden, dass zur Erreichung der Umweltziele der WRRL nicht mehr Ressourcen als erforderlich eingesetzt werden.

Neben der inhaltlichen Anforderung, die Kosteneffizienzprüfung auf Basis der gesellschaftlichen Kosten durchzuführen, gibt es noch eine weitere wichtige Anforderung, die sich auf die Auswertung der Prüfung bezieht.

Hierzu ist im Cost Effectiveness Analysis Document (CEA Drafting Group 2006) in Abschnitt 1.1 „Why do we need a CEA?" zu lesen:

> „It should also be recognized that while it (the analysis) provides a scientific & transparent basis for political decisions, it neither anticipates nor replaces the participatory process and the political decision."

Hier wird also festgestellt, dass die Kosteneffizienzprüfung allein eine fachliche Entscheidungshilfe darstellt. Entscheidungsrelevante Informationen sind zu sammeln, zu strukturieren und aufzubereiten. Die Entscheidungsautonomie der Wasserwirtschaftsverwaltung bei der Auswertung der Prüfung darf also nicht eingeschränkt werden.

Der von der webod.gbr entwickelte Prüfkatalog erfasst die gesellschaftlichen Kosten der Gewässerschutzmaßnahmen und berücksichtigt somit die entsprechenden Vorgaben der WRRL. Der Prüfkatalog trägt auch der Anforderung Rechnung, dass die Kosteneffizienzüberlegungen allein eine entscheidungsunterstützende Funktion haben.

Das Prüfverfahren schafft daher eine transparente Grundlage für die fachliche Entscheidung und den gesellschaftlichen Diskurs über durchzuführende Gewässerschutzmaßnahmen und enthält an keiner Stelle eine entscheidungsbestimmende „wenn...dann Sequenz".

Die bereits erfolgten Bewertungen von Gewässerschutzmaßnahmen haben gezeigt, dass die *Göttinger Prüfverfahren* in der wasserwirtschaftlichen Verwaltungspraxis umgesetzt werden können. Die benötigten Daten können den amtlichen Statistiken und der wissenschaftlichen Literatur entnommen werden. Den *Göttinger Prüfverfahren* liegt ein einheitliches, standardisiertes Schema zugrunde, dessen Sachlogik sich auch Nicht-Ökonomen erschließt. Der entwickelte Prüfkatalog ist gut zu handhaben und allgemein verständlich formuliert. Er ist außerdem so konzipiert, dass er für die gesamte Vielfalt an Gewässerschutzmaßnahmen unterschiedlichster Maßnahmenkategorien genutzt werden kann. Der Prüfkatalog zur Feststellung der Kosteneffizienz genügt somit den Ansprüchen an ein umsetzbares, praxistaugliches Verfahren. Dies wird im folgenden Kapitel deutlich, in dem der Prüfkatalog zur Feststellung der Kosteneffizienz ausführlich dargestellt wird.

In Abbildung 5 sind die in der Meeresstrategie-Rahmenrichtlinie und auf Grundlage des von webod.gbr entwickelten MSRL-Prüfschemas (siehe webod.gbr 2015) bereits erfolgten sozioökonomischen Bewertungen von Teilmaßnahmen aufgelistet. Eine Übersicht der Ergebnisse findet sich im Bericht zur Folgenabschätzung inkl. Kosten-Nutzen-Analyse (BLANO 2022, https://www.meeresschutz.info/berichte-art13.html).

Code	Beschreibung
UZ1-01	• Landwirtschaftliches Kooperationsprojekt zur Reduzierung der Direkteinträge in die Küstengewässer über Entwässerungssysteme • Bewertung 2017
UZ1-02	• Stärkung der Selbstreinigungskraft der Ästuare am Beispiel der Ems • Bewertung 2016
UZ1-09	• Pilotstudie zu umweltfreundlichen Umschlagtechniken von Düngemitteln in Häfen • Bewertung 2021
UZ1-10	• Kriterien, Rahmenbedingungen und Verfahrensweisen für nachhaltige Marikultursysteme • Bewertung 2021
UZ2-03	• Verhütung und Bekämpfung von Meeresverschmutzung – Verbesserung der maritimen Notfallvorsorge und des Notfallmanagements • Bewertung 2015
UZ2-05	• Infokampagne: sachgerechte Entsorgung von Arzneimitteln– Schwerpunkt: Seeschiffe • Bewertung 2021
UZ2-06	• Infokampagne: Bewusstseinsbildung zu Umweltauswirkungen von UV-Filtern in Sonnenschutzcreme • Bewertung 2021
UZ2-07	• Hinwirken auf eine Verringerung des Eintrags von Ladungsrückständen von festen Massengütern ins Meer • Bewertung 2021
UZ2-08	• Prüfung der Möglichkeiten eines Nutzungsgebotes des VTG German Bight-Western Approach für große Containerschiffe • Bewertung 2021
UZ2-09	• Aktive Unterstützung der EU und IMO-Aktivitäten durch Untersuchung von Maßnahmen zur Erleichterung der Auffindbarkeit, der Nachverfolgung und Bergung von über Bord gegangenen Containern sowie deren Überreste und Inhalt • Bewertung 2021
UZ2-10	• Verbesserung der Rückverfolgbarkeit und Bekämpfung von Meeresverunreinigungen durch Anschaffung eines Messschiffs für die deutsche Nordsee • Bewertung 2021
UZ3-05	• Riffe rekonstruieren, Hartsedimentsubstrate wieder einbringen • Bewertung 2021
UZ3-06	• Maßnahmen zur Umsetzung der IMO Biofouling Empfehlungen • Bewertung 2021
UZ4-03	• Miesmuschelbewirtschaftungsplan im Nationalpark Niedersächsisches Wattenmeer • Bewertung 2016
UZ4-04	• Nachhaltige und schonende Nutzung von nicht-lebenden sublitoralen Ressourcen für den Küstenschutz (Nordsee) • Bewertung 2017
UZ4-05	• Umweltgerechtes Management von marinen Sand- und Kiesressourcen für den Küstenschutz in Mecklenburg-Vorpommern (Ostsee) • Bewertung 2017
UZ5-01	• Verankerung des Themas Meeresmüll in Lehrzielen, Lehrplänen und -material • Bewertung 2017 und 2019
UZ5-02	• Modifikation/Substitution von Produkten unter Berücksichtigung einer ökobilanzierten Gesamtbetrachtung • Bewertung 2022

UZ5-03/-10	• Vermeidung des Einsatzes von primären Mikroplastikpartikeln • Bewertung 2022
UZ5-04	• Reduktion der Einträge von Kunststoffmüll, z. B. Plastikverpackungen, in die Meeresumwelt • Bewertung 2019
UZ5-05	• Müllbezogene Maßnahmen zu Fanggeräten aus der Fischerei inklusive herrenlosen Netzen (sogenannten „Geisternetzen") • Bewertung 2019
UZ5-06	• Etablierung des „Fishing-for-Litter"-Konzepts • Bewertung 2016
UZ5-08	• Reduzierung des Plastikaufkommens durch kommunale Vorgaben • Bewertung 2017
UZ5-09	• Reduzierung der Emission und des Eintrags von Mikroplastikpartikeln • Bewertung 2019
UZ5-11	• Müllbezogene Maßnahmen in der Berufs- und Freizeitschifffahrt • Bewertung 2021
UZ6-05	• Anwendung von Schwellenwerten für Wärmeeinträge • Bewertung 2017
UZ7-01	• Hydromorphologisches und sedimentologisches Informations- und Analysesystem für die deutsche Nord- und Ostsee • Bewertung 2017

Abbildung 5: Übersicht erfolgter sozioökonomischer Bewertungen von MSRL-Teilmaßnahmen.
Quelle: Eigene Darstellung.

4. Der Göttinger Prüfkatalog zur Feststellung der Kosteneffizienz

Struktur des Prüfkatalogs

Die nachfolgende Abbildung 6 verdeutlicht, wie das Göttinger Prüfverfahren zur Feststellung der Kosteneffizienz von Maßnahmen aufgebaut ist.

1. Maßnahme: Beschreibung
2. Signifikante Belastung
3. Zeithorizont
4. Theoretische Wirksamkeit
5. Technische Durchführbarkeit
6. Alternative Maßnahmen
7. Wirksamkeit unter Praxisbedingungen
8. Direkte Maßnahmenkosten
9. Negative wirtschaftliche Effekte der Maßnahme
10. Negative Auswirkungen auf Umweltgüter und Ökosystemleistungen
11. Volkswirtschaftliche Kosten der Maßnahme
12. Finanzierung
13. Positive wirtschaftliche Effekte der Maßnahme
14. Positive Auswirkungen auf weitere Umweltgüter und Ökosystemleistungen
15. Übersicht
16. Zusammenfassung: Wirksamkeit und Kosten

Abbildung 6: Übersicht Prüfkatalog zur Feststellung der Kosteneffizienz von Maßnahmen.
Quelle: Eigene Darstellung.

Mit Prüfschritt 1 wird zunächst die *Maßnahme* in ihrer Ausgestaltung detailliert beschrieben. Im nächsten Prüfschritt 2 werden die *signifikanten Belastungen*, denen die Maßnahme entgegenwirken soll, sowie deren räumliche Verortung und das räumliche Gebiet, für das die Maßnahmenwirksamkeit konzipiert ist, dargestellt. Mit der Benennung des *Zeithorizonts* in Prüfschritt 3 sollen u. a. der mögliche Beginn der Maßnahmenumsetzung und die Dauer der Umsetzung der Maßnahme dargestellt werden. Prüfschritt 4 beschreibt die *theoretische Wirksamkeit* der Maßnahme. Hier sind zunächst bereits bestehende Studien bzw. Fallbeispiele anzugeben, in denen die erwünschte Wirksamkeit der Maßnahme unter Laborbedingungen bzw. kontrollierten Bedingungen belegt wurde. Die für die Maßnahme relevanten Ergebnisse aus der Literatur sind aufzuführen sowie die voraussichtliche Wirksamkeit der Maßnahme zu quantifizieren. Ferner sind der Zeitpunkt, ab dem mit einer Wirkung der Maßnahme zu rechnen ist, sowie der Zeitpunkt, ab dem die Maßnahme voll wirksam ist, darzustellen. Mit Prüfschritt 5 werden die Voraussetzungen für die *technische Durchführbarkeit* der Maßnahme geprüft.

Klassischerweise dient eine Kosteneffizienzanalyse dem Vergleich von Handlungsalternativen mit dem Ziel, eine geeignete Alternative zu finden. Dies bedeutet in diesem Fall jene Maßnahme zu ermitteln, die das vorgegebene Ziel zu den geringsten Kosten erreicht. Die Anforderung einer klassischen Kosteneffizienzanalyse wird mit Prüfschritt 6 *Alternative Maßnahmen* berücksichtigt. Hier ist darzulegen, inwiefern Überlegungen zu alternativen Maßnahmen stattgefunden haben und warum die potentiell alternativen Maßnahmen verworfen wurden.

In Prüfschritt 7 folgt die *Wirksamkeit unter Praxisbedingungen*. Der Hintergrund ist, dass theoretische Wirksamkeitsüberlegungen die Wirksamkeit unter Idealbedingungen darstellen, nicht aber den Implementierungsprozess berücksichtigen. Das heißt, mögliche Beeinträchtigungen der Wirksamkeit durch den Umsetzungsprozess werden nicht beachtet. Deshalb muss neben der theoretischen Wirksamkeit auch die Wirksamkeit der Maßnahme in der praktischen Anwendung betrachtet werden. Dieser Prüfschritt wird in der englischsprachigen Fachliteratur auch als „compliance and adoption" bezeichnet.

Es gilt:

Wirksamkeit unter Praxisbedingungen	=	Wirksamkeit unter Idealbedingungen + Störungen im Umsetzungsprozess.

Mit derartigen Beeinträchtigungen im Umsetzungsprozess ist insbesondere in zwei Fällen zu rechnen:

(a) wenn mehrere Institutionen an der Umsetzung einer Maßnahme beteiligt sind oder

(b) wenn gesellschaftliche Gruppen ihr Verhalten ändern müssen.

Dies findet wie folgt im Prüfkatalog und anschließend die Verantwortlichkeit sowie die Beteiligung von Institutionen geklärt. Darauffolgend Berücksichtigung: Es wird zunächst der Hoheitsbereich der Zuständigkeit (d. h. Bund oder Länder) abgefragt muss anhand der Beantwortung weiterer Fragen dargelegt werden, inwiefern die Maßnahme eine Verhaltensänderung von Gruppen erfordert, wie diese von der Maßnahmenumsetzung betroffen sind und darüber informiert werden sollen.

In den Prüfschritten 8 bis 11 erfolgt die Analyse der *Kosten*. In dem standardisierten Kosteneffizienzverfahren werden die Kosten, die mit der Maßnahme verbunden sind, umfassend und differenziert dargestellt.

Dabei werden drei unterschiedliche Konzeptionen von Kosten berücksichtigt; und zwar *direkte Maßnahmenkosten*, *negative wirtschaftliche Effekte* und *volkswirtschaftliche Kosten*:

Mit Prüfschritt 8 werden Kosten im Sinne von finanziellen Belastungen durch die Maßnahme erfasst (*direkte Maßnahmenkosten*). Diese können der öffentlichen Hand (Staat), der Wirtschaft oder Privatpersonen, Vereinen und/oder Verbänden entstehen, die mit der Maßnahme befasst oder von dieser betroffen sind. Bei diesen Gruppen wird unterschieden zwischen dem entstehenden *Erfüllungsaufwand* und *weiteren direkten Kosten*. Weitere direkte Kosten können dem Staat z. B. durch entgangene Steuereinnahmen entstehen und Privatpersonen durch Arbeitsplatzverlust oder Gebührenerhöhungen. Bei der Abfrage des Erfüllungsaufwandes für die öffentliche Hand (z. B. Mittel für die Entwicklung/Einführung/Umsetzung/Unterhaltung/Kontrolle der Maßnahmen) und die Wirtschaft (z. B. Verhaltensänderungen, Abgabe- und/oder Informationspflichten) wird, wie es üblich ist, zwischen Personal- und Sachaufwand unterschieden.

In Prüfschritt 9 folgen die *negativen wirtschaftlichen Effekte der Maßnahme*, d. h. die negativen Auswirkungen auf wichtige makroökonomische Kennzahlen als Folgen der direkten Kosten, die sich in Form von Veränderungen von Staatseinnahmen/-ausgaben sowie Änderungen der Bruttowertschöpfung, Beschäftigung und Preise zeigen. Hinsichtlich des Erfüllungsaufwandes müssen die direkten Kosten der Verwaltung dargestellt werden und es wird geprüft, inwiefern es durch die Maßnahme zu einer Erhöhung der Arbeitskapazität der Verwaltung sowie erweitertem Sachaufwand kommt, um auf dieser Grundlage die Erhöhung der Staatsausgaben zu ermitteln. Auch die Folgen der weiteren direkten Kosten der Verwaltung auf die Staatseinnahmen und -ausgaben finden Berücksichtigung. Im Anschluss werden die Änderungen von Bruttowertschöpfung, Beschäftigung und Preisen dargestellt. Hinsichtlich der Bruttowertschöpfung ist anzugeben, inwiefern eine Überwälzung der Kosten durch die Unternehmen möglich ist. Dies wird in der Daten- und Berechnungsgrundlage erläutert. Die Unternehmen können unterschiedlich auf den Erfüllungsaufwand reagieren und die Kosten u. U. auf die Kunden vorüberwälzen (Verkaufspreis) oder auf die Beschäftigten (Löhne) oder auf die Lieferanten (Einkaufspreis) rücküberwälzen. In Bezug auf die Änderung der Beschäftigung muss berücksichtigt werden, inwiefern es zu einer Verlagerung von Arbeitsplätzen innerhalb Deutschlands kommt oder ob Arbeitsplätze vollständig wegfallen bzw. neu entstehen. Abschließend werden an dieser Stelle die Preisänderungen aufgeführt.

Die Bestimmung der *direkten Maßnahmenkosten* (Prüfschritt 8) sowie der *negativen wirtschaftlichen Effekte* der Maßnahmen (Prüfschritt 9) wurde aus dem folgenden Grund in das *Göttinger Prüfverfahren* aufgenommen:

> „Generell ist jede umweltpolitische Maßnahme mit Konfliktpotenzial verbunden, weil sie Ressourcen bindet, die nicht mehr für andere wichtige gesellschaftliche Ziele verwendet werden können. Das Konfliktpotenzial kann zu einer moderaten Kritik führen („die umweltpolitische Zielsetzung ist sinnvoll, aber man kann diese auch zu geringeren Kosten erreichen"). Es kann aber auch zu Fundamentalkritik führen („die angestrebte Umweltverbesserung rechtfertigt nicht diese hohen Kosten"). In jedem Fall sind es aber die direkten Kosten und deren negative Folgen, die Bürger (als Unternehmer, als Arbeitnehmer, als Steuerzahler etc.) diese Kritik äußern lassen. Widerstände gegen die Vorhaben der Wasserwirtschaftsverwaltung werden also mit dem Verweis auf Bürokratiekosten, dem Verlust von Arbeitsplätzen, Wachstumshemmnissen etc. begründet. Insbesondere (befürchtete) negative Beschäftigungseffekte sind von großer Bedeutung."
> (Marggraf et al. 2017: 742)

Deshalb wird als negativer gesamtwirtschaftlicher Effekt auch ein Verlust an Arbeitsplätzen ausgewiesen:

> „Die oben erläuterte differenzierte Kostenbetrachtung ermöglicht der Wasserwirtschaftsverwaltung, sich vorausschauend und umfassend über das Konfliktpotenzial zu informieren und ihre Argumentationsbasis für die öffentliche Diskussion zu stärken."
> (Marggraf et al. 2017: 742)

Prüfschritt 10 thematisiert die *negativen Auswirkungen* der Maßnahme auf *Umweltgüter und Ökosystemleistungen* wie beispielsweise die Reinigung von Luft und Fließgewässern. Mit Prüfschritt 11 werden die *volkswirtschaftlichen Kosten der Maßnahme* erfasst. An dieser Stelle geht es um die Folgen der Kosten der Maßnahme. Bei Neueinstellungen oder die durch die Maßnahme entstandenen Sachausgaben in der Verwaltung ist die Zusatzlast der Finanzierung[4] dieser Kosten einzubeziehen. Ferner wird die Abnahme der

---

[4] Die jährlichen volkswirtschaftlichen Kosten des Erfüllungsaufwandes der Verwaltung setzen sich aus dem Erfüllungsaufwand der Verwaltung und der Zusatzlast der Finanzierung dieses Aufwands zusammen, falls es zu einer Kapazitätserhöhung in der öffentlichen Verwaltung kommt. Das bedeutet, dass der mit der Maßnahme verbundene zusätzliche Personalaufwand nicht mit bereits bestehenden Stellen abgedeckt werden kann, sondern Neueinstellungen bzw. Mehrbezahlungen erfordert. Die Finanzierung der Neueinstellungen bzw. Mehrbezahlungen führt zu Wohlfahrtsverlusten. Die (positive) Differenz zwischen diesen Wohlfahrtsverlusten und dem zu finanzierenden zusätzlichen Aufwand wird als Zusatzlast der Finanzierung bezeichnet. Damit wird der Veränderung der relativen Preise zwischen zwei Gütern, zwischen Konsum und Ersparnis sowie zwischen Arbeit und Freizeit Rechnung getragen.

Einkommen aus Unternehmertätigkeit und Vermögen erfasst, die von der Möglichkeit der Überwälzung des Erfüllungsaufwandes für die Unternehmen abhängt. Die Auswirkungen auf die Änderung der Beschäftigung sind davon abhängig, ob es zu einer Umsiedlung eines Unternehmens innerhalb Deutschlands oder zu Entlassungen kommt. In beiden Fällen werden die mit Arbeitsplatzverlusten verbundenen volkswirtschaftlichen Kostenkomponenten detailliert und umfassend dargestellt. In Bezug auf die Auswirkungen der Preisänderungen werden Elastizitäten berücksichtigt, d. h. es werden mögliche Nachfrageänderungen erfasst, die sich aus den in Prüfschritt 9 erfassten Preisänderungen ergeben. In speziellen Fällen kann es zu weiteren volkswirtschaftlichen Kosten kommen, wie z. B. einer Abnahme der frei verfügbaren Einkommen von Privatpersonen, Vereinen und Verbänden aufgrund nicht freiwilliger Ausgaben oder wenn die Maßnahme (auch) zu negativen Auswirkungen auf die natürliche Umwelt führt.

In Prüfschritt 12 werden die Quellen der *Finanzierung*, der prozentuale Beitrag der jeweiligen Finanzierungsquellen und ob eine Prüfung alternativer Finanzierungsquellen erfolgte, erfasst. Prüfschritt 13 thematisiert die *positiven wirtschaftlichen Effekte der Maßnahme*. Hier wird wiederum nach der öffentlichen Hand (Staat), der Wirtschaft und Privatpersonen, Vereinen und Verbänden differenziert. Mit Prüfschritt 14 werden schließlich die *positiven Effekte der Maßnahme auf weitere Umweltgüter und Ökosystemleistungen* aufgezeigt.

Die wichtigsten Ergebnisse aus dem Prüfkatalog werden in einer *Übersicht* in Punkt 15 zusammengefasst. Unter Punkt 16 werden abschließend die *Wirksamkeit und Gesamtkosten der Maßnahme* angegeben.

Zur Darstellung umweltbezogener Kosten

Ob und in welcher Form die aus den negativen Umweltwirkungen (Prüfschritt 10) resultierenden volkswirtschaftlichen Kosten (Prüfschritt 11) dargestellt werden können, hängt von den jeweils vorliegenden Kenntnissen, Daten und Informationen über die betreffenden Umweltwirkungen ab.

Wie Abbildung 7 verdeutlicht, wird hierbei grundsätzlich eine Monetarisierung angestrebt, jedoch nicht „um jeden Preis".

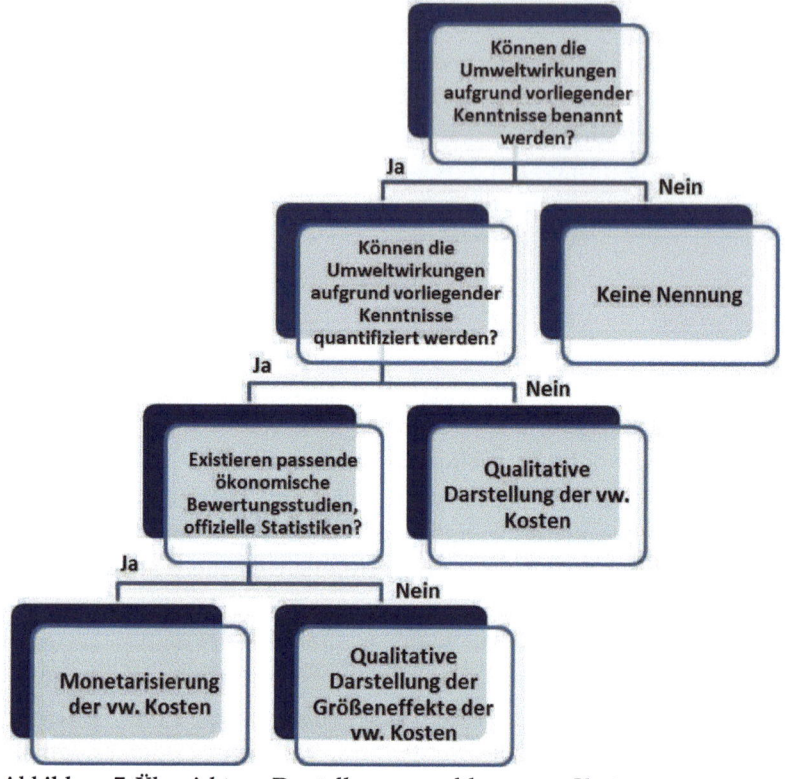

Abbildung 7: Übersicht zur Darstellung umweltbezogener Kosten.
Quelle: Eigene Darstellung. Abkürzung vw. = volkswirtschaftlich.

Zur Darstellung umweltbezogener Kosten ist die Grundvoraussetzung, dass die Expertinnen/Experten negative Umweltwirkungen auch benennen können. Dies bedeutet, dass neben den angestrebten Umweltwirkungen zur Verbesserung des Umweltziels, nur Umweltwirkungen benannt werden können, auf die die Maßnahme nachvollziehbare Effekte hat. Diese können auf vorliegenden Erkenntnissen aus Studien und/oder Erfahrungen von ExpertInnen/Experten beruhen. In der nächsten Ebene ist die Frage, ob die benannten Umweltwirkungen auch quantifiziert werden können. An dieser Stelle ist die voraussichtliche Wirksamkeit der

Maßnahme – möglichst anhand von Studien – mit konkreter Angabe, auf welche Parameter sich die Wirksamkeit bezieht, zu quantifizieren. Dies kann z. B. die Reduzierung der Stickstoffeinträge in Kilogramm je Kilometer Gewässerrandstreifen sein. Ist keine Quantifizierung der Umweltwirkungen möglich, werden die daraus entstehenden volkswirtschaftlichen Kosten qualitativ bzw. verbal-deskriptiv beschrieben. Bei einer erfolgten Quantifizierung der Umweltwirkungen wird auf der nächsten Ebene nach ökonomischen Bewertungsstudien und offiziellen Statistiken bspw. von der Bundesregierung recherchiert, die eine Monetarisierung der volkswirtschaftlichen Kosten ermöglichen. Ist eine Monetarisierung nicht möglich, werden die Größeneffekte der volkswirtschaftlichen Kosten auf der Grundlage der Quantifizierungen dargestellt.

Daten- und Berechnungsgrundlage

Zu den *Göttinger Prüfverfahren* wurde zusätzlich eine Daten- und Berechnungsgrundlage als Hintergrunddokument zur sozioökonomischen Bewertung von Maßnahmen entwickelt. Diese soll bspw. die öffentliche Verwaltung bei einer selbständigen Durchführung der Bewertung unterstützen. Die Daten- und Berechnungsgrundlage ist auch für direkte Maßnahmenkosten wesentlich und in vielen Fällen als Grundlage für eine umfassende Bewertung ausreichend. Wird mit erheblichen volkswirtschaftlichen Effekten gerechnet, sollte eine weitere ökonomische Expertise hinzugezogen werden.

Die Daten- und Berechnungsgrundlage ist als eine Ergänzung zum *Göttinger Prüfverfahren* zu sehen, die aus sieben Teilen besteht und u. a. Informationen, Daten, Datenquellen sowie Berechnungsschritte beinhaltet. Jeder Teil setzt sich aus einem Abschnitt I zur Berechnung und einen Abschnitt II mit den benötigten Arbeitshilfen zusammen.

In Abschnitt I wird das Ziel des Arbeitsschritts beschrieben, die Arbeitshilfe (Abschnitt II) stellt den Weg bzw. die Komponenten der Berechnung dar. Teil A fokussiert die Auswirkungen des Erfüllungsaufwandes der Verwaltung auf die Staatsausgaben und enthält als Arbeitshilfen u. a. Angaben zu Tätigkeiten der

Verwaltung zur Erfüllung von Vorgaben oder Prozessen, Richtwerte für die Arbeitszeiten und Personalkostensätze gemäß dem Bundesministerium für Finanzen. In Teil B geht es um die Auswirkungen des Erfüllungsaufwandes der Wirtschaft auf die Bruttowertschöpfung, Beschäftigung und Preise. Dafür werden bspw. Informationen und Daten zu Abschreibungen, Lohnkosten, die aus Informationspflichten der Wirtschaft resultieren, und Arbeitshilfen zur prozentualen Änderung der Folgen für einen Wirtschaftsbereich zur Verfügung gestellt. Teil C beschäftigt sich mit den Auswirkungen der Umweltverbesserung auf die Wirtschaft und Bevölkerung. Dazu werden Daten zu den wichtigsten Wirtschaftsbereichen aus offiziellen Statistiken und Hinweise zu Schätzungen über prozentuale Veränderungen bereitgestellt. Teil D und E geben Berechnungs- und Arbeitshilfen zur Ermittlung der volkswirtschaftlichen Kosten des Erfüllungsaufwandes der Verwaltung und der Wirtschaft inkl. der Zusatzlast der Finanzierung und Varianten der Vor- und Rücküberwälzung von Kosten sowie Preiselastizitäten. In Teil F werden die jährlichen volkswirtschaftlichen Nutzen durch die Umweltverbesserung behandelt. Zur Bestimmung der monetären individuellen Wertschätzung wird eine umfangreiche Tabelle an Ergebnissen von nationalen und internationalen Zahlungsbereitschaftsstudien mit Wasserbezug zur Verfügung gestellt. Für die Berechnung des gesamten nicht-wirtschaftlichen Wertes [5] der

---

[5] Nach der umweltökonomischen Bewertungstheorie lässt sich für die Umwelt ein ökonomischer Gesamtwert – der Total Economic Value – ermitteln. Dieser Gesamtwert ergibt sich aus Wertkategorien, die Sets verschiedener nutzungsabhängiger und nutzungsunabhängiger Werte beinhalten. Nutzungsabhängige Werte sind wirtschaftliche, konsumtive Werte wie Ressourcen (Nahrung, Biomasse), nicht-konsumtive Werte wie Erholung und Gesundheit sowie Werte, die einen ästhetischen Wert oder Symbolwert aufweisen oder naturschutzfachlich bzw. rechtlich von Interesse sind. Die Wertkategorie beinhaltet auch indirekte Werte wie Funktionswerte (Klimaregulierung, Kohlenstoffbindung) und Optionswerte, die die Möglichkeit für eine zukünftige Nutzung erfassen. Nutzungsunabhängige Werte stellen keine Nutzungen im engeren Sinn dar, sondern bündeln Werte wie Existenz- und Vermächtniswerte. Nutzungsunabhängige Werte werden erfasst, ohne exakte Identifizierung oder Relation zu anderen Werten. Existenzwerte beschreiben den Wert der natürlichen Umwelt für Individuen durch deren bloße Existenz. Bei Vermächtniswerten schätzen die Individuen die Erhaltung der Natur für künftige Generationen. Mit dem

Umweltverbesserung wird die Durchführung eines Benefit-Transfers[6] dargestellt. Der letzte Teil G zeigt die Berechnung des Kosten-Nutzen-Verhältnisses aus dem Gegenwartswert der volkswirtschaftlichen Gesamtkosten und dem Gegenwartswert der quantifizierten volkswirtschaftlichen Gesamtnutzen. Die dazugehörigen Arbeitshilfen verdeutlichen die Berechnungsschritte anhand eines Beispiels, die die Bestimmung des einzubeziehenden Zeitraumes, der betreffenden Jahre und die Durchführung einer Diskontierung zeigen.

Abschließende Bemerkungen

Im **Prüfkatalog zur Feststellung der Kosteneffizienz (KE)** werden alle wesentlichen Informationen hinsichtlich ökologischer Auswirkungen wie Stoffströme und Kosten ermittelt. Dabei werden auch die relevanten Stakeholder einbezogen. Da in diesem Rahmen Konfliktpotenzial zu erwarten ist, ist eine erweiterte ökonomische Perspektive wie in den Prüfschritten 9 bis 11 von großer Bedeutung. Hierbei werden sämtliche Kosten des zu betrachtenden Raumes berücksichtigt und die Verteilung der Kosten transparent gemacht. Auf dieser Grundlage dient der **Prüfkatalog KE** im Rahmen einer flussgebietsweiten Bewirtschaftung gemäß WRRL bei der Festlegung von Maßnahmen für die Wasserwirtschaftsverwaltung und Politik als fachliche Entscheidungshilfe (-vorlage). Der **Prüfkatalog KE** kann vollkommen flexibel und auch länderübergreifend eigesetzt werden.

Wie im vorangegangenen Kapitel erläutert, soll der Prüfkatalog für jene Gewässerschutzmaßnahmen eingesetzt werden, mit denen Belastungen von Unternehmen und privaten Haushalten verbunden sind. Es geht also um Gewässerschutzmaßnahmen, die

---

Prüfschritt nicht-wirtschaftlicher Wert werden auch diese gesellschaftlichen Werte berücksichtigt.

6   Um die Nutzen zu monetarisieren, werden die Ergebnisse vorhandener Bewertungsstudien genutzt und diese mithilfe eines Benefit-Transfers auf die vorliegende Fragestellung, das Gebiet und Jahr übertragen. Der Vorteil des Benefit-Transfers besteht darin, dass keine eigenen Zahlungsbereitschaftsstudien, die sehr zeitaufwändig und kostenintensiv sind, durchgeführt werden müssen, um den gesellschaftlichen Nutzen der Maßnahme zu bewerten.

einen größeren Umfang haben und die eine oder mehrere der genannten Voraussetzungen erfüllen. Die Folgen dieser Maßnahmen müssen detailliert erhoben und zusammengestellt werden, was eine umfassende und differenzierte Struktur des Prüfkatalogs erfordert. Der Prüfkatalog ist in Anhang I dargestellt.

5. Anwendungsfall – Trinkwasserentnahmestopp als hypothetische Maßnahme

Der vorgestellte Prüfkatalog zur Feststellung der Kosteneffizienz wurde im Rahmen eines 2015 durch das niedersächsische Umweltministerium beauftragten Forschungs-Projektes „Entwicklung standardisierter Verfahren der Kosten-Wirksamkeitsanalyse und der Prüfung zur Inanspruchnahme abweichender Bewirtschaftungsziele aufgrund der Unverhältnismäßigkeit von Kosten im Rahmen der WRRL – sowie Anwendung am Fallbeispiel Halsebach" für eine Entscheidungssituation in der Praxis angewendet und wird im Folgenden dargestellt. Dafür wurde das hypothetische Szenario des „Trinkwasserentnahmestopps" aus einem mit dem Halsebach in Verbindung stehenden Grundwasserkörper gewählt, da die Trinkwasserentnahme die Erreichung der Ziele der WRRL am Wasserkörper elementar verhindert.

In Niedersachsen gilt die Empfehlung, Maßnahmen mit Maßnahmenkosten von über 500.000 Euro einer detaillierten Kosteneffizienzprüfung zu unterziehen (vgl. Niedersächsisches Ministerium für Umwelt, Energie, Bauen und Klimaschutz 2013). Dies trifft auf die Maßnahme zu, dennoch sei vorweg darauf hingewiesen, dass die Maßnahme komplexer ist als die durchschnittliche, zu bewertende Maßnahme. Grund hierfür ist, dass es sich unter anderem um eine Maßnahme mit länderübergreifenden Folgen handelt. Involviert sind zudem zahlreiche Stakeholder und die Maßnahme betrifft die Wasserversorgung als Daseinsvorsorge. Die Anwendung des Prüfkatalogs eignet sich für diese Maßnahme, aber auch für alle weiteren Maßnahmen zur Erreichung der Ziele der WRRL.

Die WRRL schreibt für alle Oberflächenwasserkörper die Erreichung des guten Zustands bzw. für „künstlich oder erheblich veränderte Wasserkörper" die Erreichung des guten Potenzials bis spätestens 2027 vor (Art. 4.1, Art. 4.4 WRRL). Der Wasserkörper „22042 Halsebach" ist nach Art. 4.4 WRRL als stark verändert eingestuft. Er wurde bei der Bewertung nach WRRL als Wasserkörper in einem guten chemischen Zustand und mit einem schlechten ökologischen Potenzial ausgewiesen. Als signifikante Belastungen wurden Einträge aus diffusen Quellen, Abflussregulierungen, eine defizitäre Wasserführung und morphologische Veränderungen genannt (NLWKN 2012).

Neben baulichen Veränderungen wird als hauptsächliche Ursache für das schlechte ökologische Potenzial des Wasserkörpers Halsebach eine Grundwasserspiegelabsenkung angeführt. Diese Grundwasserspiegelabsenkung resultiert maßgeblich aus der Entnahme von Grundwasser zur Trinkwassergewinnung am Wasserwerk (WW) Panzenberg (Trinkwasserverband Verden 2015: 20, Trinkwasserverband Verden 2016, Trinkwasserverband Verden 2013: 79). Im hydrogeologischen Gutachten werden als weitere Einflussgrößen auf den Grundwasserspiegelhaushalt Grundwasserentnahmen anderer umliegender Trinkwasserwerke (WW Langenberg, WW Brunnenweg der Stadt Verden) und Entnahmen für die landwirtschaftliche und gewerbliche Nutzung genannt (Trinkwasserverband Verden 2013: 61). Das südöstlich des FFH-Gebietes „Poggenmoor" liegende WW Panzenberg wird vom Trinkwasserverband (TV) Verden betrieben. Mittels sieben Brunnen werden jährlich durchschnittlich bis zu 8,91 Mio. m³ Grundwasser gefördert (arithmetisches Mittel der Jahre 2002 – 2011, siehe Homepage Trinkwasserverband Verden 2017, Trinkwasserverband Verden 2013: 76). Die Brunnen sind in Fördertiefen von 200 bis 275 m in der „Rotenburger Rinne", einer elsterzeitlichen Schmelzwasserrinne, in gut durchlässigen Sanden verfiltert (Trinkwasserverband Verden 2016: 5). Im oberen Bereich des geologischen Profils sind lokal tonhaltige Stauschichten vorhanden, die das oberflächennahe Grundwasser von den mittleren und unteren Abschnitten des Hauptgrundwasserleiters trennen. An Stellen, an denen keine Tonschichten ausgebildet sind, versickert das oberflächennahe Grundwasser durch die Trinkwasserförderung in den Untergrund und hat eine Grundwasserspiegelabsenkung von bis zu 9,5 m zur Folge (Becker

& Wittig 2000: 114, Trinkwasserverband Verden 2013: 79, Trinkwasserverband Verden 2016: 8).

Das im WW Panzenberg geförderte Grundwasser dient vor allem der Versorgung der Stadt Bremen mit Trinkwasser. Außerdem wird durch das WW Panzenberg in Kombination mit dem WW Langenberg die Versorgung der Gemeinden Kirchlinteln, Dörverden, der Samtgemeinden Thedinghausen und Eystrup sowie des Fleckens Langwedel sichergestellt (Trinkwasserverband Verden 2015: 4).

Mit der gelieferten Wassermenge von ca. 8,75 Mio. m^3/Jahr deckt die Stadt Bremen 27 % ihres Trinkwasserverbrauchs ab (Homepage TV Verden 2017, Bremische Bürgerschaft 2015: 3). Durch die Trinkwasserförderung wird eine Daseinsvorsorge nach § 50 (1) des Wasserhaushaltsgesetzes (WHG) erfüllt.

> Laut § 50 (2) WHG ist „[der] Wasserbedarf der öffentlichen Wasserversorgung [...] vorrangig aus ortsnahen Wasservorkommen zu decken, soweit überwiegende Gründe des Wohls der Allgemeinheit dem nicht entgegenstehen. Der Bedarf kann insbesondere dann mit Wasser aus ortsfernen Wasservorkommen gedeckt werden, wenn eine Versorgung aus ortsnahen Wasservorkommen nicht in ausreichender Menge oder Güte oder nicht mit vertretbarem Aufwand sichergestellt werden kann.". Im Vergleich des ortsnahen Wassers vom TV Verden ist der Bezug von Wasser über einen Ferntransport nur eine eingeschränkt bessere Alternative.

Der TV Verden hatte zunächst, auf Grundlage der für das WW Panzenberg ausgestellten Bewilligung zur Trink- und Brauchwasserversorgung der Bezirksregierung Lüneburg der Außenstelle Stade, Grundwasser in Höhe von 10 Mio. m^3/Jahr gefördert. Seit Auslaufen der Bewilligung besteht eine Übergangserlaubnis des Landkreises Verden zur Sicherstellung der öffentlichen Wasserversorgung. Dem Landkreis Verden als Untere Wasserbehörde obliegt die Entscheidung über die Bewilligung oder Ablehnung des Antrags des TV Verden. Bei der Entscheidung müssen die Vorgaben der im Jahr 2000 in Kraft getretenen WRRL beachtet werden. Die Wasserentnahme verhindert das Erreichen des guten ökologischen Potenzials. Dieses stellt einen Verstoß gegen das Verbesserungsgebot für den Wasserkörper „22042 Halsebach" dar und macht die

Prüfung zur Inanspruchnahme abweichender Bewirtschaftungsziele erforderlich.

Im Folgenden wird der ausgefüllte Prüfkatalog zur Feststellung der Kosteneffizienz der Aufgabe der anhaltenden menschlichen Tätigkeit der Trinkwasserentnahme des Wasserwerkes Panzenberg im Landkreis Verden für die Erreichung der Umweltziele der WRRL dargestellt. Anschließend folgt eine Zusammenfassung der wichtigsten Ergebnisse.

Die Datenerfassung und -analyse erfolgte auf der Basis von Literaturanalysen sowie folgender Expertenauskünfte:

- Mündliche und schriftliche Angaben des TV Verden
- Mündliche Angaben NGOs (Bürgerinitiative und lokale Umweltverbände)
- Mündliche und schriftliche Angaben des LK Verden
- Mündliche Angaben des NLWKN Verden
- Mündliche und schriftliche Angaben des Niedersächsischen Ministeriums für Umwelt, Energie und Klimaschutz (MU)

Der tatsächliche Zeitaufwand, der für das Ausfüllen des Prüfkatalogs für den Trinkwasserentnahmestopp entstanden ist, lässt sich nur schwer schätzen. Erfahrungen aus der Maßnahmenbewertung im Rahmen der Meeresstrategie-Rahmenrichtlinie (MSRL) belegen, dass für die Befüllung des MSRL-Prüfschemas zur Darstellung der Kostenwirksamkeit der Maßnahme sowie Durchführung einer Folgenabschätzung inklusive Kosten-Nutzen-Analyse, je nach Komplexität der Maßnahme, ein bis drei Treffen der Maßnahmen-Verantwortlichen mit der webod.gbr erforderlich sind. In der Regel haben die zuständigen ExpertInnen sämtliche benötigten Informationen bereits vorliegen. Diese werden durch den Prüfkatalog in Zusammenhang gebracht und für einen transparenten Nachweis der Kosteneffizienz schriftlich zusammengeführt.

Tabelle 1: Prüfung zur Feststellung der Kosteneffizienz der hypothetischen Maßnahme Trinkwasserentnahmestopp

1. Maßnahme: Beschreibung	
1. Bitte beschreiben Sie die Maßnahme, die im Prozess der Maßnahmenauswahl bereits als technisch durchführbar eingestuft wurde und nun einer Kosten-Wirksamkeitsanalyse unterzogen wird.	– Die Maßnahme ist der „Trinkwasserentnahmestopp", d. h. die Einstellung der Trinkwasserförderung im WW Panzenberg durch den Trinkwasserverband Verden. – Dieser ermöglicht eine dauerhafte und durchgängige Wasserführung des Wasserkörpers „22042 Halsebach" durch die erneute Verbindung zum Grundwasser. – Die Einstellung der Trinkwasserentnahme ist Grundvoraussetzung zur Erreichung des guten Potenzials in dem Wasserkörper „22042 Halsebach".
2. Signifikante Belastung	
2.1 Was sind die signifikanten Belastungen auf die Gewässer, denen die Maßnahme entgegenwirken soll?	– Starke Abflussveränderungen – Temporäres Austrocknen des Wasserkörpers „22042 Halsebach" aufgrund der Grundwasserentnahme zur Trinkwassergewinnung, insbesondere einer Teilstrecke des Halsebachs.
2.2 Auf welcher räumlichen Skala wirken die signifikanten Belastungen (z. B. Wasserkörper, Flusseinzugsgebiet)?	Die signifikanten Belastungen wirken insbesondere auf den Wasserkörper „22042 Halsebach".
2.3 Für welches räumliche Gebiet ist die Maßnahme konzipiert?	Die Maßnahme ist für den Wasserkörper „22042 Halsebach" und weitere betroffene Bereiche im Grundwasserabsenkungsbereich konzipiert.

3. Zeithorizont	
3. Ab welchem Zeitpunkt und/oder in welchem Zeitraum kann die Maßnahme voraussichtlich umgesetzt werden?	Zum Zeitpunkt der Prüfung wurde von einem möglichen Maßnahmenbeginn ab Ende 2018 ausgegangen. Die Maßnahme soll über einen Zeitraum von 30 Jahren umgesetzt werden.
4. Theoretische Wirksamkeit	
4.1 Bitte führen Sie zentrale und ggf. auf Deutschland übertragbare Studien, dokumentierte Fallbeispiele, Gutachten oder weitere Dokumente auf, die die Wirksamkeit der Maßnahme wissenschaftlich belegen.	– Trinkwasserverband Verden (2016): Wasserwerk Panzenberg. Ergänzende Simulationen mit dem Grundwasserströmungsmodell zum Grundwasseranschluss des Halsebachs. – Stadt Delmenhorst (2011): Entwässerungskonzept Graft. Beschlussvorlage (A5-Rat) 11/50/009/BV-R.
4.2 Bitte quantifizieren Sie die voraussichtliche Wirksamkeit der Maßnahme anhand der Studien (z. B. Reduzierung der Stickstoffeinträge in kg) und geben Sie möglichst genau an, auf welchen Parameter sich diese beziehen (z. B. Nährstoffreduktion je km Gewässerrandstreifen).	Zunächst sorgt der Trinkwasserentnahmestopp für eine Erhöhung des Grundwasserspiegels. Der Grundwasserstand liegt bei einem Trinkwasserentnahmestopp weitgehend über der Gewässersohle des Halsebachs. Wenn die Wasserführung wiederhergestellt ist, können Maßnahmen für die weiteren Qualitätskomponenten folgen.
4.3 Ab welchem Zeitpunkt wird die Maßnahme wirksam und wann ist voraussichtlich das vollständige Ausmaß der Wirksamkeit erreicht?	Die Wirksamkeit beginnt mit der Einstellung der Trinkwasserförderung. Das vollständige Ausmaß der Wirksamkeit wird je nach Gewässerabschnitt des Halsebachs in 2-10 Jahren erreicht. Es wird davon ausgegangen, dass sich der Beharrungszustand (Gleichgewicht) nach 2 bis 5 Jahren einstellt.
5. Technische Durchführbarkeit	
5. Bitte erläutern Sie, dass die Voraussetzungen für die technische Durchführbarkeit der Maßnahme gegeben sind.	Die Trinkwasserförderung des Trinkwasserverbandes Verden führt in dem umliegenden Gebiet zu einer Absenkung des Grundwasserspiegels und hierdurch zum temporären Austrocknen des Wasserkörpers

	„22042 Halsebach". Die Trinkwasserförderung kann unter der Voraussetzung, dass die Trinkwasserversorgung der Stadt Bremen anderweitig sichergestellt ist, eingestellt werden.
6. Alternative Maßnahmen	
6.1 Gab es im Rahmen der Maßnahmenfindung Überlegungen zu alternativen Maßnahmen mit gleichem Ziel?	Ja, es gab im Rahmen der Maßnahmenfindung Überlegungen zur Sohlabdichtung des Halsebachs als alternative Maßnahme.
6.2 Wenn ja, warum wurden die Alternativen verworfen?	Es wird hierbei keine Verbindung zum Grundwasser hergestellt, die Alternative ist nicht im Sinne der WRRL.
6.3 Gab es in der Maßnahmenhistorie bereits Maßnahmen mit gleichem Ziel?	Ja, die Einleitung von Überstandswasser aus Filterrückspülbecken wird regelmäßig durch den TV Verden durchgeführt, hat aber keine dauerhafte Wirkung.
7. Wirksamkeit unter Praxisbedingungen	
Umsetzende Institutionen	
7.1 In welchen Hoheitsbereich fällt die Umsetzung der Maßnahme in erster Instanz (Bund, Länder, beide oder andere)?	Die Umsetzung der Maßnahme fällt in den Hoheitsbereich des Landes Niedersachsen: zuständig für das Wasserrechtsverfahren ist der Landkreis Verden. Es erfolgt eine Abstimmung mit dem Bundesland Bremen.
7.2 Welche(s) Ressort(s) ist/sind für die Maßnahme verantwortlich?	– Niedersächsisches Ministerium für Umwelt, Energie und Klimaschutz – Das verantwortliche Ressort beim Landkreis Verden ist das Sachgebiet 70.1.1.
7.3 Welche Institutionen sind noch an der praktischen Umsetzung beteiligt/durch die praktische Umsetzung betroffen?	– Trinkwasserverband Verden – Unterhaltungsverband Rechter Weserverband

Verhaltensänderung Gruppen	
7.4 Erfordert die Umsetzung der Maßnahme Veränderungen, von denen auch BürgerInnen, gesellschaftliche Gruppen, Wirtschaft etc. betroffen sind?	Ja, die Maßnahme erfordert Veränderungen, von denen weitere Gruppen betroffen sind. Betroffene Gruppen sind: – Trinkwasserwirtschaft (TV Verden) – Öffentliche Hand (Land Bremen) – Versorgungsunternehmen (swb AG Bremen und Bremerhaven)
7.5 Wie sollen diese direkt betroffenen Gruppen informiert werden?	Die betroffenen Gruppen sind bereits beteiligt.
7.6 Ist geplant, weitergehende Informationen für die Öffentlichkeit bereitzustellen/zu entwickeln?	Die Bereitstellung weiterer Informationen für die Öffentlichkeit ist bisher nicht geplant.
8. Direkte Maßnahmenkosten	
8.1 Öffentliche Hand/Staat/öffentliche Verwaltung	
a) Erfüllungsaufwand	
Personalaufwand	
Welche personalen Mittel sind in der Verwaltung erforderlich? Wenn möglich, stellen Sie diese bitte getrennt nach einzelnen Phasen der Maßnahme oder anderen Posten dar (für Entwicklung und Einführung, Umsetzung und Koordination, Kontrolle, Übungszwecke, Betrieb und Unterhaltung).	Es entsteht ein administrativer Aufwand für die Genehmigung von neuen Leitungen und den Rückbau von Brunnen beim LK (zur Aufrechterhaltung der Wasserversorgung im Gebiet des Wasserwerks Panzenberg würde eine Leitung benötigt werden, die vom Wasserwerk Wittkoppenberg zum Wasserwerk Panzenberg führt. So können die vorhandene Netzstruktur und somit die vorhandenen Versorgungsleitungen in entsprechenden Dimensionen erhalten bleiben.) Berechnung: 2*1 Person E11 (10 % der Stelle) über fünf Jahre = 22.501 €/Jahr für 5 Jahre.

	Die Personalkosten des TV Verden für den Rückbau der Brunnen sind anteilig in dem Sachaufwand des TV Verden enthalten.
Sachaufwand	
Welche Sachmittel sind in der Verwaltung erforderlich? Wenn möglich, stellen Sie diese bitte getrennt nach einzelnen Phasen der Maßnahme und anderen Posten dar (für Entwicklung und Einführung, Kontrolle, Übungszwecke, Betrieb und Unterhaltung, Investitionen für z. B. Flächenankäufe, Anpflanzungen, Entschädigungszahlungen).	Bei Kommunen entsteht Sachaufwand für den Bau von Zisternen zur Löschwasserversorgung und die Kontrolle des Rückbaus von Einzelbrunnen. Der Sachaufwand des Landkreises ändert sich nicht im Vergleich zur Weitergenehmigung und ist deshalb vernachlässigbar. Folgender Aufwand des Trinkwasserverbandes wird bei der Berechnung berücksichtigt (Sachinvestitionen in Form von Abschreibungen): – Baukosten für neue Leitungen zur Aufrechterhaltung der Wasserversorgung im Gebiet des Wasserwerks Panzenberg, Verbindung des Wasserwerks Wittkoppenberg mit dem Wasserwerk Panzenberg. So können die vorhandene Netzstruktur und somit die vorhandenen Versorgungsleitungen in entsprechenden Dimensionen erhalten bleiben. – Kosten für den Rückbau von Brunnen. – Bauliche Strukturveränderungen beim WW Langenberg, weil es mit WW Panzenberg verbunden ist, zur Vermeidung von Druckverlusten. – Kosten für Druckerhöhungsstation und Steuerungstechnik. – Aufgrund der für die Berechnung getroffenen Annahmen und Abschreibungsdauern ergibt sich für den Trinkwasserverband folgender Sachaufwand: Jahr 1 = 373.333 €; Jahr 2-15 = 303.333 €/Jahr;

	Jahr 16-30 = 270.000 €/Jahr; sowie Umsatzeinbußen in Höhe von 5.515.922 €/Jahr.
b) Weitere direkte Kosten	
Welche weiteren direkten Kosten entstehen der Verwaltung (zum Beispiel Reduzierung von Gebühren und/oder Steuereinnahmen, Schäden, die infolge der Maßnahme entstehen)?	Folgende Kosten werden bei der Berechnung berücksichtigt: – Löschwasserversorgung: keine weiteren Investitionen notwendig. – Rückgang der Wasserentnahmegebühren (WEG) für das Land Niedersachsen, wenn die WEG für die Entnahme aus dem Wasserwerk Panzenberg entfallen. Diese betrug für 2015 für die Entnahme aus dem Wasserwerk Panzenberg 688.877,63 €. – Es kommt zu einem Rückgang der Steuereinnahmen des Landkreises Verden (Umsatzsteuer, Stromsteuer und Grundsteuer) wegen der Schließung des Wasserwerks (reduzierte Steuereinnahmen gesamt = 403.254,54 €). – Es werden keine Kosten durch eine mögliche Vernässung der kommunalen Flächen erwartet. Aufgrund der für die Berechnung getroffenen Annahmen ergeben sich insgesamt direkte Kosten in Höhe von 1.092.133 €/Jahr für die Verwaltung.
8.2 Wirtschaft	
a) Erfüllungsaufwand	Wenn möglich, stellen Sie diesen bitte getrennt nach einzelnen Phasen der Maßnahme (für Entwicklung und Einführung, Kontrolle, Übungszwecke, Betrieb und Unterhaltung) dar. Differenzieren Sie die Kosten bitte zusätzlich nach:

	− Produktionsmengeneinschränkungen (EA_U) − erforderlichen Abgaben (EA_{AB}) − entstehenden Informationspflichten − entstehenden sonstigen Pflichten − Änderungen im Betriebsablauf − Änderungen bei der Quantität oder Qualität der Inputs wie mehr oder höher qualifizierte Arbeit (EA_{LK}) − Änderungen bei der Quantität oder Qualität der Vorleistungen wie dem Einsatz von weiterzuverarbeitenden Waren (EA_{VL}) − Abschreibungen aufgrund von Investitionen für z. B. Flächenankäufe (EA_A) − zusätzliche Aktivitäten, z. B. Entschädigungszahlungen
Personalaufwand	
Welche personalen Mittel sind in der Wirtschaft erforderlich?	Keine.
Sachaufwand	
Welche Sachmittel sind in der Wirtschaft erforderlich?	Keine.
b) Weitere direkte Kosten	
Welche weiteren direkten Kosten entstehen der Wirtschaft (zum Beispiel Schäden, die infolge der Maßnahme entstehen, wie die Vernässung von Flächen)?	Landwirtschaft: Durch die Einstellung der Wasserentnahme kommt es zu einer Vernässung von Flächen, die zu einer Verminderung der Flächenproduktivität führt. Ggf. muss eine Umstellung von Ackerbau auf Grünlandwirtschaft im Absenkungstrichter 0,3 km² entlang der Halse,

	insgesamt auf einer Fläche von ca. 9 ha, erfolgen. Es entstehen Kosten in Höhe von 3.600 €/Jahr für die Landwirtschaft.
8.3 Privatpersonen, Vereine und Verbände	
a) Erfüllungsaufwand	
Welcher Aufwand entsteht Privatpersonen, Vereinen und Verbänden?	Potenziell kann es zu einer Vernässung von Flächen und Schäden an Bauwerken (Gebäude, Straßen etc.) kommen, aber laut Expertenauskunft sind keine wesentlichen Schäden zu erwarten, daher werden hier 0 € angesetzt.
b) Weitere direkte Kosten	
Welche weiteren direkten Kosten entstehen Privatpersonen, Vereinen und Verbänden (zum Beispiel durch den Abbau von Arbeitsplätzen oder Preissteigerungen)?	Finanzielle Einbußen/Kosten aufgrund des Abbaus von Arbeitsplätzen und ggf. resultierende Arbeitslosigkeit: Es kann zu einem regionalen Abbau von Arbeitsplätzen kommen (TV Verden: Annahme: Verlust von 25 Arbeitsplätzen); Wirtschaft in Bremen: Bei einer Veränderung des Trinkwasserbezugs wird von Seiten Bremens befürchtet, dass es ggf. zu einer Umsiedlung von Unternehmen der Lebensmittelwirtschaft kommt, da diese Unternehmen teilweise Anforderungen an das in die Produkte einfließende Wasser haben, die über die Trinkwasserverordnung hinausgehen, bzw. ihre Produktionsprozesse an die derzeitige Wasserqualität angepasst haben (Annahme: es kann zu einem Verlust von 1400 Arbeitsplätzen in Bremen kommen, dabei wird von einer Umsiedlung innerhalb Deutschlands ausgegangen). Ggf. entstehen in diesem Fall einzelnen Mitarbeitern Bewerbungskosten, Umzugskosten etc.

	Preissteigerungen: Die erforderlichen Umbaumaßnahmen/Investitionen und Umstrukturierungen führen zu einer Erhöhung des Wasserpreises im LK Verden durch den TV Verden. Es ist davon auszugehen, dass es zu einer Erhöhung der Wasserpreise um 35 % (0,28 €/m³) kommt. Berechnung: 6.250.000 m³/Jahr * 0,28 €/m³ = 1.750.000 €/Jahr.
9. Negative wirtschaftliche Effekte der Maßnahme	
9.1 Staatseinnahmen, -ausgaben	
a) Folgen des Erfüllungsaufwandes	
Erfüllungsaufwand	Behördlicher Aufwand: Personal: 22.501 €/Jahr für 5 Jahre. Sachaufwand: Keiner. Direkte Kosten: 1.092.133 €/Jahr. Aufwand des TV (Sachkosten mit inkludierten Personalkosten): Jahr 1: 373.333 €, Jahr 2-15: 303.333 €/Jahr, Jahr 16-30: 270.000 €/Jahr sowie Umsatzeinbußen in Höhe von 5.515.922 €/Jahr.
Erfordert der Personalaufwand eine Erhöhung der Arbeitskapazität der Verwaltung?	Nein, es ist keine Erhöhung der Arbeitskapazität der Verwaltung erforderlich, daher 0 %.
Wenn ja, wie viel Prozent des Personalaufwands beziehen sich auf diese Kapazitätserhöhung?	0 %, s.o.
Um die mit der Maßnahme verbundene Erhöhung der Staatsausgaben zu ermitteln, addieren Sie	Nicht relevant, da keine Kapazitätserhöhung vorliegt.

bitte den Sachaufwand und den Anteil des Personalaufwands.	
b) Folgen der weiteren direkten Kosten	
Wie verändern sich die Staatseinnahmen infolge der weiteren direkten Kosten (z. B. durch Steuern oder Gebühren)? Bitte übernehmen Sie die weiteren direkten Kosten der Verwaltung aus 8.1 b) und berechnen so den Rückgang der Staatseinnahmen insgesamt.	Es kommt zu einem Rückgang der Staatseinnahmen um insgesamt 1.092.133 €/Jahr. (Berechnung: Summe aus Rückgang der Wasserentnahmegebühren und reduzierten Steuereinnahmen)
9.2 Bruttowertschöpfung, Beschäftigung und Preise	
a) Änderung der Bruttowertschöpfung	
Bitte berechnen Sie die ggf. resultierenden Änderungen der Bruttowertschöpfung.	Trinkwasserunternehmen TV Verden: Bei einer konstanten Relation zwischen Trinkwassermenge und dem Vorleistungseinsatz entspricht die Änderung der Umsatzeinbußen der Änderung der Bruttowertschöpfung (-53 % TV Verden). Landwirtschaft: Hier kann davon ausgegangen werden, dass die Vorleistungsanpassung vernachlässigbar ist. Sie entspricht folglich der Änderung des Produktionswertrückgangs und beträgt 3.600 €/Jahr.
b) Änderung der Beschäftigung	
Bitte berechnen Sie die ggf. resultierenden Änderungen der Beschäftigung.	Wirtschaft in Bremen: Es besteht das Risiko des lokalen Verlustes traditioneller/wichtiger Industrie und deren Arbeitsplätzen. Annahme: Es erfolgt eine Umsiedlung innerhalb Deutschlands, Annahme: Es kann zu einer

	Umsiedlung von ca. 1.400 Arbeitsplätzen kommen (vgl. 8.3 b), diese werden aufgrund der Unsicherheiten nicht in die Berechnung einbezogen. Trinkwasserverband Verden: Hier ist mit einem Verlust von 25 Arbeitsplätzen aufgrund geringerer Fördermengen und der Einstellung eines Wasserwerkes zu rechnen.
c) Änderung der Preise	
Bitte berechnen Sie die ggf. resultierenden Änderungen der Preise.	Die notwendigen Umstrukturierungsmaßnahmen führen für den TV Verden zu Kosten sowie sinkenden Einnahmen. Aufgrund der Verpflichtung zur Kostendeckung der Wasserdienstleistungen kommt es zu einer Erhöhung der Trinkwasserpreise in Verden. Es wird von einer Erhöhung um 30-40 % ausgegangen.
10. Negative Auswirkungen auf Umweltgüter und Ökosystemleistungen	
10.1 Bitte erläutern Sie mögliche negative Auswirkungen der Maßnahme auf weitere Umweltgüter (Biodiversität etc.).	Nicht zutreffend.
10.2 Bitte quantifizieren Sie diese Auswirkungen aufgrund vorhandener Kenntnisse.	Nicht zutreffend.
10.3 Bitte nennen Sie empirische Studien, die für eine Monetarisierung der Effekte genutzt werden können.	Nicht zutreffend.

11. Volkswirtschaftliche Kosten der Maßnahme	
11.1 Jährliche volkswirtschaftliche Kosten	
a) Änderung des staatlichen Budgets	
Bitte ermitteln Sie die jährlichen volkswirtschaftlichen Kosten, die aus der Veränderung des staatlichen Budgets resultieren.	Jährliche unmittelbare Kosten der Verwaltung: Personalkosten von Kommunen und Landkreis durch Umstrukturierung von 22.501 €/Jahr für 5 Jahre. Artikel 9 der WRRL fordert die Kostendeckung von Wasserdienstleistungen unter Berücksichtigung von Umwelt- und Ressourcenkosten. Idealtypisch sollten Mithilfe der Wasserentnahmegebühren, die durch diese spezifische Entnahme anfallenden Umwelt- und Ressourcenkosten ausgeglichen werden. In Niedersachsen wird die Wasserentnahmegebühr insgesamt für Maßnahmen zum Schutz der Gewässer und des Wasserhaushalts, für sonstige Maßnahmen der Wasserwirtschaft und für Maßnahmen des Naturschutzes verwendet. Hierfür entfallen ca. 690.000 € Wasserentnahmegebühren, wenn mit dem WW Panzenberg keine Wasserentnahme mehr erfolgt. Gleichzeitig kommt es im Falle einer eingestellten Wasserentnahme zu weniger Umweltbelastung durch eine Wasserführung des Halsebachs über den gesamten Bachlauf und einer besseren Wasserversorgung weiterer Ökosysteme aufgrund des dann angehobenen Grundwasserstands. Welche Kosten durch die Umweltverbesserung aufgrund der verbesserten Wasserführung/-versorgung eingespart werden können, lässt sich nicht beziffern.[7]

---

[7] „Die in Artikel 9 (WRRL) geforderte Berücksichtigung von Umwelt- und Ressourcenkosten bei der Kostendeckung von Wasserdienstleistungen der Ver- und Entsorger wird in Deutschland neben den umweltrechtlichen Auflagen für die Wasserdienstleister insbesondere durch zwei Instrumente umgesetzt: Wasserentnahmeentgelte der Bundesländer und die bundesweit geltende Abwasserabgabe." LAWA

	Die geringeren Steuereinnahmen führen (näherungsweise) zu volkswirtschaftlichen Kosten von 403.255 €/Jahr. **TV Verden:** Es kann davon ausgegangen werden, dass der Erfüllungsaufwand vollständig über Preiserhöhungen und Entlassungen der Trinkwasserwirtschaft überwälzt wird. Die Bruttoeinkommen aus Unternehmertätigkeit und Vermögen bleiben somit gleich.
b) Änderung des Einkommens aus Unternehmertätigkeit und Vermögen	
Bitte ermitteln Sie die jährlichen volkswirtschaftlichen Kosten, die aus der der Abnahme der Einkommen aus Unternehmertätigkeit und Vermögen resultieren.	In der Landwirtschaft ist eine Überwälzung nicht möglich. Die volkswirtschaftlichen Kosten betragen somit 3.600 €/Jahr.
c) Folgen der Änderung der Beschäftigung	
Bitte ermitteln Sie die jährlichen volkswirtschaftlichen Kosten, die aus der Änderung der Beschäftigung resultieren.	**Wirtschaft in Bremen:** Bei einer Veränderung des Trinkwasserbezugs wird von Seiten Bremens ggf. eine Umsiedlung von Unternehmen der Lebensmittelwirtschaft befürchtet (vgl. 8.3 b). Annahme: Es kann zu einem Verlust von 1.400 Arbeitsplätzen in Bremen kommen. Da jedoch von einer Umsiedlung der Unternehmen innerhalb Deutschlands ausgegangen wird, kann es zwar zu lokalen Beschäftigungseffekten kommen, aber es wird nicht von bundesweiten Effekten auf die Beschäftigung ausgegangen. **Trinkwasserverband Verden:**

Handlungsempfehlung für die Aktualisierung der Wirtschaftlichen Analyse, 2020, S. 26f. https://www.lawa.de/documents/handlungsanleitung-wirtschaftliche- analyse_1592554027.pdf

	Annahme: Verlust von 25 Arbeitsplätzen aufgrund geringerer Fördermengen und Einstellung eines Wasserwerkes; daraus ergeben sich volkswirtschaftliche Kosten von einmalig 872.347 €. Berechnung: 600 Mio. € Bruttoeinkommen für 141 Unternehmen mit durchschnittlich 150 Mitarbeitern (MA) (lt. Statistischem Bundesamt 2014: Tabelle Unternehmensergebnisse 2014 Wasserversorgung, S. 31) = 28.369 € Bruttolohneinkommen/MA/Jahr * 25 MA * 1,23 (123 % Einbuße durch Arbeitsplatzverlust laut Haveman, R. H. & Weimer D. L. (2015): Public Policy Induced Changes in Employment: Valuation Issues for Benefit-Cost Analysis. Journal of Benefit-Cost Analysis 6(1): 112-153)
d) Folgen der Änderung der Preise	
Bitte ermitteln Sie die jährlichen volkswirtschaftlichen Kosten, die aus der Änderung der Preise resultieren.	Es entstehen volkswirtschaftliche Kosten durch die Erhöhung der Trinkwasserpreise um 30 – 40 %, Rechnung mit 35 %. Rechenweg: Volkswirtschaftliche (vw.) Kosten der Preiserhöhung = Ausgangsmenge * Ausgangspreis * relative Preisänderung * (1 + e/2 * relative Preisänderung) e = relative Mengenänderung/relative Preisänderung = Preiselastizität der Trinkwassernachfrage Berechnung: – Szenario 1 (Preiselastizität der Trinkwassernachfrage (e) = 0): 6.250.000 m³/Jahr * 0,80 €/m³ * 0,35 (35 % Preiserhöhung) * (1+ 0/2 * 0,35) = 1.750.000 €/Jahr vw. Kosten der Preiserhöhung bei 35 % Preiserhöhung und einer Preiselastizität der Trinkwassernachfrage von 0.

	– Szenario 2 (Preiselastizität der Trinkwassernachfrage (e) = -0,25): 6.250.000 m³/Jahr * 0,80 €/m³ * 0,35 (35 % Preiserhöhung) * (1+ -0,25/2 * 0,35) = 1.673.437,50 €/Jahr vw. Kosten der Preiserhöhung bei 35 % Preiserhöhung und einer Preiselastizität der Trinkwassernachfrage von -0,25.
11.2 Weitere volkswirtschaftliche Kosten	
Bitte geben Sie weitere volkswirtschaftliche Kosten (als Folge negativer Umweltwirkungen oder von Zwangsausgaben privater Haushalte) an.	Es entstehen keine weiteren volkswirtschaftlichen Kosten.
12. Finanzierung	
12.1 Bitte geben Sie die Quellen der Finanzierung an. Wie hoch ist der jeweilige Betrag, nach Finanzierungsquellen aufgelistet?	Die Finanzierung erfolgt durch die öffentliche Hand inklusive des TV Verdens.
12.2 Wurden alternative Finanzierungsmöglichkeiten, z. B. aus dem Europäischen Haushalt, für die Maßnahme geprüft? Wenn ja, welche?	Nein.
13. Positive wirtschaftliche Effekte der Maßnahme	
13.1 Bitte geben Sie an, welche positiven Effekte die Maßnahme für die öffentliche Hand/Staat/öffentliche Verwaltung hat.	– Landkreis Verden: Es kommt zu Reduzierungen der (geringen) Einschränkungen in der Bauleitplanung für die Gemeinden im Wasserschutzgebiet (WSG). Die Effekte sind marginal, daher 0 €. – TV Verden: Der TV Verden zahlt derzeit einen freiwilligen Beitrag für die notwendigen häufigeren Kontrollen von Ölheizungen in Wasserschutzgebieten. Wenn es zu einem Wegfall des Wasserschutzgebietes kommt, ist eine Reduzierung der Kontrollen der

	Ölheizungen möglich. Hierdurch spart der TV Verden durchschnittlich 1.140 €/ Jahr ein. – Öffentliche Hand: Es entfallen zukünftige Entschädigungszahlungen für landwirtschaftliche Flächen, die ggf. von einer Grundwasserabsenkung betroffen sind.
13.2 Bitte geben Sie an, welche positiven Effekte die Maßnahme für die Wirtschaft hat.	Landwirtschaft: – Die landwirtschaftlich genutzte Fläche beträgt im aktuellen Wasserschutzgebiet 2.501 ha (59 % von 4.260 ha), davon sind 578 ha Grünland. Ggf. kommt es zu Ertragssteigerungen durch die Zunahme an Feuchtigkeit in sonst trockenem Gebiet; dieses betrifft 2.439 ha. – Geringere Auflagen wegen des Wegfalls des Trinkwasserschutzgebietes; ggf. Ertragssteigerung oder Kosteneinsparungen durch die Möglichkeit der Verwendung anderer Düngemittel; ggf. Bau von Biogasanlagen. Ferner gibt es 13 Auflagen gemäß §2 SchuVO bzw. 27 Auflagen gemäß Amtsbl. Lbg. Nr. 19 vom 14.10.83 für WSG Panzenberg, aber durchschnittlich werden 160.000 €/a für freiwillige Vereinbarungen in der Kooperation Verden (Gewinnungsgebiete des TV Verden [2/3 im Gebiet Panzenberg] und der Stadtwerke Verden) gezahlt. – Für die weitere Berechnung wird angenommen, dass der gezahlte Betrag die Landwirte für alle Kosten (geringerer Ertrag, höhere Arbeitsleistung, veränderter Einsatz von Saatgut/Dünger/Betriebsmitteln) entschädigt.
13.3 Bitte geben Sie an, welche positiven Effekte die Maßnahme für Privatpersonen, Vereine und Verbände hat.	– Bei einer Einstellung der Trinkwasserentnahme wird die Errichtung von Hausbrunnen möglich. Der Brunnenbau kostet jedoch Geld und es ist nicht davon auszugehen, dass der Brunnenbau

	rentabel ist, da die Nutzung von Trinkwasser anstelle von Brunnenwasser kostengünstiger ist: 0 €. – Reduzierung der Kontrollen von Ölheizungen aufgrund des Wegfalls des Wasserschutzgebietes. Kosten im WSG derzeit: Wartungspreis ca. 110 € Wartungskosten – 60 €/Anlage (Zuschuss vom TV Verden) = 50 €/Anlage/ zusätzliche Wartung: 10 €/Jahr/ für beantragte Anlagen insgesamt.
14. Positive Auswirkungen auf weitere Umweltgüter und Ökosystemleistungen	
14. Bitte erläutern Sie, ob positive Effekte für weitere Umweltgüter (Biodiversität etc.) und Ökosystemleistungen durch die Maßnahme bestehen.	– Entwicklung der grundwasserabhängigen Lebensraumtypen LRT 91E0 Auenwälder mit *Alnus glutinosa* und *Fraxinus excelsior* und LRT 6430 feuchten Hochstaudenfluren und des allgemeinen Feuchtgrünlands. – Generell: In den Bereichen um den Halsebach weitere Verhinderung der Degeneration und Niedermoorsackungen, Förderung des Anschlusses grundwasserabhängiger Biotope, Entwicklung der Biodiversität. – Verbesserung des Zustands von FFH-Gebiet „Poggenmoor", Schutzgebieten (Holtumer Moor, Dünengebiet bei Neumühlen, Sachsenhain mit Umgebung, Halsetal) und weiterer Biotope (Waller Flachteiche, Teiche bei Dovemühle und Neumühle). – Verbesserung des Zustands des Bettenbruchgrabens und anderer Gewässer im Einzugsgebiet der Trinkwasserförderung. – WRRL-Ziele für Grundwasser und Oberflächengewässer können erreicht werden.

15. Übersicht	15. Bitte füllen Sie den Ergebnisteil durch Übertragung der Ergebnisse aus dem Prüfschema aus.
	Um Scheingenauigkeiten zu vermeiden, sind ermittelte Zahlen nach Abschluss der Berechnungen sachgerecht zu runden. **Signifikante Belastung** Die Maßnahme „Trinkwasserentnahmestopp" wirkt insbesondere dem Trockenfallen im Bereich des Wasserkörpers „22042 Halsebach" als signifikanter Belastung entgegen. **Räumliche Skala** 15.1 Die signifikanten Belastungen wirken auf folgender räumlichen Skala: Wasserkörper „22042 Halsebach" im Grundwasserabsenkungsbereich. 15.2 Die Wirksamkeit der Maßnahme ist auf folgender räumlichen Skala einbezogen: Komplettes Belastungsgebiet. **Zeithorizont** 15.3 Die Maßnahme kann ab folgendem Zeitpunkt und/oder in folgendem Zeitraum umgesetzt werden: ab Ende 2018; Zeitraum von 30 Jahren (zum Zeitpunkt der Prüfung thematisierter möglicher Maßnahmenbeginn). **Theoretische Wirksamkeit** 15.4 Studien für die Wirksamkeit sind unter 4.1 vorhanden: Ja.

15.5 Die voraussichtliche Wirksamkeit der Maßnahme ist folgendermaßen quantifiziert: Erhöhung des Grundwasserspiegels als Voraussetzung für eine verbesserte Wasserführung des Halsebachs.
15.6 Beginn und vollständiges Ausmaß der Wirksamkeit der Maßnahme: Ab Beginn der Einstellung der Trinkwasserförderung; vollständiges Ausmaß der Wirksamkeit – je nach Gewässerabschnitt des Halsebachs – in 2-10 Jahren.

Technische Durchführbarkeit
15.7 Die technische Durchführbarkeit der Maßnahme ist gegeben: Ja.

Alternative Maßnahmen
15.8 Als alternative Maßnahmen wurden geprüft: Sohlabdichtung des Halsebachs.

Wirksamkeit unter Praxisbedingungen
15.9 Folgende Institutionen sind beteiligt: Landkreis Verden in Abstimmung mit dem Bundesland Bremen, Trinkwasserverband Verden, Land Niedersachsen.
15.10 Die Verantwortlichkeit liegt bei: Sachgebiet 70.1.1 beim Landkreis Verden.
15.11 Bei folgenden gesellschaftlichen Gruppen ist eine Verhaltensänderung erforderlich: Trinkwasserwirtschaft (TV Verden), öffentliche Hand (Land Bremen), Versorgungsunternehmen (swb AG Bremen und Bremerhaven).

15.12 Diese wird durch folgende Maßnahmen unterstützt: Die betroffenen Gruppen sind bereits beteiligt.

Direkte Maßnahmenkosten
Aufwand öffentliche Hand/Staat/öffentliche Verwaltung
15.13 Die Kosten des Personalaufwandes liegen bei: Personalaufwand für administrative Tätigkeiten im Rahmen des Brunnenrückbaus in Höhe von 22.501 €/Jahr für 5 Jahre. Die Personalkosten des TV Verden sind in den Sachaufwand anteilig inkludiert.
15.14 Die Kosten des Sachaufwandes liegen bei: Jahr 1: 373.333 €, Jahr 2-15: 303.333 €/Jahr, Jahr 16-30: 270.000 €/Jahr sowie Umsatzeinbußen in Höhe von 5.515.922 €/Jahr (bezifferbarer Aufwand).
15.15 Weitere direkte Kosten betragen: 1.092.133 €/Jahr.

Aufwand Wirtschaft
15.16 Die Kosten des Personalaufwandes liegen bei: 0 €.
15.17 Die Kosten des Sachaufwandes liegen bei: 0 €.
15.18 Weitere direkte Kosten betragen: 3.600 € für Landwirtschaft/Jahr.

Aufwand Privatpersonen, Vereine und Verbände
15.19 Die Kosten des Aufwandes liegen bei: 0 €.
15.20 Weitere direkte Kosten betragen: Kosten durch den Abbau von Arbeitsplätzen (Annahme: 25 Arbeitsplätze beim TV Verden), ggf. Umsiedlung von Unternehmen aus Bremen im regionalen Umfeld,

1.750.000 €/Jahr durch notwendige Preisanpassungen der Wasserpreise im LK Verden.

Auswirkungen der unmittelbaren Kosten auf die Staatsausgaben, Bruttowertschöpfung, Beschäftigung und Preise
15.21 Die mit der Maßnahme verbundene Erhöhung der Staatsausgaben beträgt: 0 € [vernachlässigbar].
15.22 Die Folgen der weiteren direkten Kosten betragen: Rückgang der Staatseinnahmen 1.092.133 €/Jahr.
15.23 Für die resultierenden Änderungen der Bruttowertschöpfung, der Beschäftigung und der Preise gilt: BWS: -53 % (TV Verden); 3.600 €/Jahr (Landwirtschaft). Änderung der Beschäftigung: Bremen: keine [Annahme Umsiedlung in Deutschland]; Annahme: Verlust von 25 Arbeitsplätzen [TV Verden].

Volkswirtschaftliche Kosten
15.24 der Änderung des staatlichen Budgets liegen bei:
22.501 €/Jahr für 5 Jahre (Personalaufwand der Verwaltung) + 403.255 €/Jahr (durch reduzierte Steuereinnahmen).
15.25 der Abnahme der Einkommen aus Unternehmertätigkeit und Vermögen liegen bei: 3.600 €/Jahr (Landwirtschaft).
15.26 des Beschäftigungsrückgangs liegen bei: 872.347 € einmalig.
15.27 des Preisanstiegs liegen bei
Szenario 1 (Preiselastizität der Trinkwassernachfrage = 0): vw. Kosten der Preiserhöhung bei 35 % Preiserhöhung: 1.750.000 €/Jahr.

Szenario 2 (Preiselastizität der Trinkwassernachfrage = -0,25): vw.
Kosten der Preiserhöhung bei + 35 % Preiserhöhung: 1.673.438 €/Jahr.
15.28 Weitere volkswirtschaftliche Kosten: Keine.
15.29 Die Gegenwartswerte der volkswirtschaftlichen Kosten der Maßnahme belaufen sich für 30 Jahre auf insgesamt:
Szenario 1 (Preiselastizität der Trinkwassernachfrage = 0): 179.645.669 €,
Szenario 2 (Preiselastizität der Trinkwassernachfrage = -0,25): 177.930.940 €.

Finanzierung
15.30 Die Maßnahme wird finanziert durch: die öffentliche Hand, inklusive dem TV Verden.
15.31 Der jeweilige Anteil beträgt: siehe 15.30.
15.32 Als alternative Finanzierungsmöglichkeiten wurden geprüft: Entfällt.

Positive wirtschaftliche Effekte der Maßnahme
15.33 Die positiven wirtschaftlichen Effekte für öffentliche Hand/Staat/öffentliche Verwaltung sind: Kommunen 0 €, Landkreis 0 €, TV Verden 1.140 €/Jahr (Wegfall der zusätzlichen Wartung von Ölheizungen).
15.34 Die positiven wirtschaftlichen Effekte für die Wirtschaft sind: Landwirtschaft 0 €.
15.35 Die positiven wirtschaftlichen Effekte für Privatpersonen, Vereine, Verbände sind: 0 €.

		Auswirkungen auf weitere Umweltgüter und Ökosystemleistungen 15.36 Positive Effekte für weitere Umweltgüter und Ökosystemleistungen sind: Vorhanden (vgl. 14). 15.37 Negative Effekte für weitere Umweltgüter und Ökosystemleistungen sind: Nicht vorhanden.	
16. Zusammenfassung		Wirksamkeit	Gesamtkosten
		Erhöhung des Grundwasserspiegels und damit Ermöglichung der dauerhaften und durchgängigen Wasserführung des Wasserkörpers „22042 Halsebach" durch die erneute Verbindung zum Grundwasser.	Szenario 1 (Preiselastizität der Trinkwassernachfrage = 0): 179.645.669 € für 30 Jahre mit einer Diskontrate von 2 %. Szenario 2 (Preiselastizität der Trinkwassernachfrage = -0,25): 177.930.940 € für 30 Jahre mit einer Diskontrate von 2 %.

Quelle: Eigene Darstellung.

Zusammenfassung der Ergebnisse

Die beispielhaft betrachtete Maßnahme ist der „Trinkwasserentnahmestopp", d. h. die Einstellung der Trinkwasserförderung durch den Trinkwasserverband Verden im Wasserwerk Panzenberg. Durch die Einstellung der Grundwasserentnahme kommt es zu einer Erhöhung des Grundwasserspiegels. Hierdurch wird die Verbindung des Halsebachs zum Grundwasser wiederhergestellt und so eine dauerhafte und durchgängige Wasserführung des Wasserkörpers Halsebach ermöglicht. Dies ist die Grundvoraussetzung zur Erreichung des guten Potenzials im Wasserkörper Halsebach, welches aufgrund starker Abflussveränderungen mit der Folge des temporären Austrocknens unter derzeitigen Bedingungen nicht erreicht werden kann. Die theoretische Wirksamkeit der Maßnahme ist durch Studien belegt und die Maßnahme ist technisch durchführbar. Als alternative Maßnahmen wurde eine Sohlabdichtung des Halsebachs geprüft, aber verworfen, da diese nicht im Sinne der WRRL (Störung der Verbindung zum Grundwasser) ist und keine dauerhafte Wasserführung gewährleistet. Zum Zeitpunkt der Prüfung wurde von einem möglichen Maßnahmenbeginn Ende 2018 ausgegangen. Die Maßnahme soll über einen Zeitraum von 30 Jahren umgesetzt werden. Es wird davon ausgegangen, dass eine Wirkung im gesamten Grundwasserabsenkungsbereich entsteht und diese sofort mit der Einstellung der Trinkwasserförderung beginnt. Es wird angenommen, dass das vollständige Ausmaß der Wirksamkeit, je nach Gewässerabschnitt des Halsebachs, in 2-10 Jahren erreicht werden kann.

Als Institutionen sind der Landkreis Verden in Abstimmung mit dem Bundesland Bremen, der Trinkwasserverband Verden sowie das Land Niedersachsen an der Maßnahmenumsetzung beteiligt. Die Verantwortlichkeit liegt beim Sachgebiet 70.1.1 des Landkreises Verden. Die Maßnahme erfordert eine Verhaltensänderung der Trinkwasserwirtschaft (TV Verden), der öffentlichen Hand (Land Bremen) sowie des Versorgungsunternehmens (swb AG Bremen und Bremerhaven). Diese gesellschaftlichen Gruppen sind bereits an der Maßnahmenumsetzung beteiligt.

Der öffentlichen Hand entstehen direkte Maßnahmenkosten durch Personalaufwand im Zusammenhang mit dem Brunnenrückbau. Ferner entsteht Sachaufwand (Personalkosten sind hier inkludiert) aufgrund erforderlicher baulicher Maßnahmen. Weitere direkte Kosten der öffentlichen Hand resultieren aus dem Rückgang der Wasserentnahmegebühren und reduzierten Steuereinnahmen. Der Landwirtschaft entstehen ebenfalls Kosten. Privatpersonen, Vereinen und Verbänden entstehen direkte Kosten durch einen Abbau von Arbeitsplätzen, eine gegebenenfalls erfolgende Umsiedlung von Unternehmen aus Bremen im regionalen Umfeld sowie durch aus der Maßnahme resultierende Preisanpassungen der Wasserpreise im Landkreis Verden.

Die Änderung des staatlichen Budgets liegt bei jährlichen unmittelbaren Kosten der Verwaltung von 22.501 €/Jahr für 5 Jahre sowie volkswirtschaftlichen Kosten von 403.255 €/Jahr durch geringere Steuereinnahmen. Die Abnahme der Einkommen aus Unternehmertätigkeit und Vermögen für die Landwirtschaft beträgt 3.600 €/Jahr. Die volkswirtschaftlichen Kosten des Beschäftigungsrückgangs liegen bei einmalig 872.347 €. Für die Ermittlung der volkswirtschaftlichen Kosten des Preisanstiegs wurden zwei Szenarien berechnet. Im ersten Szenario wurde von einer preisunelastischen Trinkwassernachfrage ausgegangen (keine Änderung der mengenmäßigen Trinkwassernachfrage trotz Preiserhöhung). Dann resultieren bei einer 35-prozentigen Preiserhöhung volkswirtschaftliche Kosten der Preiserhöhung von 1.750.000 €/Jahr. Im zweiten Szenario (Preiselastizität der Trinkwassernachfrage = -0,25) führt eine 35-prozentige Preiserhöhung zu einem Rückgang der mengenmäßigen Trinkwassernachfrage um 8,75 %. Daraus resultieren volkswirtschaftlichen Kosten der Preiserhöhung von 1.673.438 €/Jahr. Es entstehen keine weiteren volkswirtschaftlichen Kosten. Insgesamt belaufen sich die Gegenwartswerte der volkswirtschaftlichen Kosten der Maßnahme für 30 Jahre auf insgesamt in Szenario 1 (Preiselastizität der Trinkwassernachfrage (e) = 0) auf insgesamt: 179.645.669 €, in Szenario 2 (Preiselastizität der Trinkwassernachfrage (e) = 0) auf insgesamt: 177.930.940 €.

Die Finanzierung der Maßnahme erfolgt durch die öffentliche Hand inklusive des Trinkwasserverbands Verden. Alternative

Finanzierungsmöglichkeiten sind für diese Maßnahme nicht relevant und wurden daher nicht geprüft.

Die Maßnahme ist weder mit positiven Effekten für die Wirtschaft noch für Privatpersonen, Vereine und Verbände verbunden. Die positiven wirtschaftlichen Effekte für die öffentliche Hand betragen 1.140 €/Jahr für den TV Verden, da die zusätzliche Wartung von Ölheizungen entfällt. Mit positiven Auswirkungen auf weitere Umweltgüter und Ökosystemleistungen ist zu rechnen, insbesondere auf die Entwicklung des grundwasserabhängigen Lebensraumtyps (LRT) 91E0 Auenwälder mit *Alnus glutinosa* und *Fraxinus excelsior* und LRT 6430 feuchten Hochstaudenfluren und des allgemeinen Feuchtgrünlands. Zusätzlich werden in den Bereichen um den Halsebach weitere Degenerationen und Niedermoorsackungen verhindert. Des Weiteren wird der Anschluss grundwasserabhängiger Biotope ermöglicht und die Biodiversität gefördert. Es ist von einer Verbesserung des Zustands vom FFH-Gebiet „Poggenmoor", mehreren Schutzgebieten (Holtumer Moor, Dünengebiet bei Neumühlen, Sachsenhain mit Umgebung, Halsetal) und weiteren Biotopen (Waller Flachteiche, Teiche bei Dovemühle und Neumühle) auszugehen. Es kann zur Verbesserung des Zustands des Bettenbruchgrabens und anderer Gewässer im Einzugsgebiet der Trinkwasserförderung kommen und die WRRL-Ziele für das Grundwasser können lokal erreicht werden. Von negativen Effekten für weitere Umweltgüter und Ökosystemleistungen ist nicht auszugehen.

Die Maßnahme ist die einzige Maßnahme mit der das Ziel der dauerhaften Wasserführung der Halse erreicht werden kann.

II Prüfung von Ausnahmen aufgrund unverhältnismäßig hoher Kosten

1. Zu den Anforderungen der WRRL für die Inanspruchnahme von Ausnahmen aufgrund unverhältnismäßig hoher Kosten

Das zentrale Ziel der europäischen Wasserrahmenrichtlinie (WRRL) ist die Erreichung des guten Zustands bzw. des guten Potenzials der Gewässer. Die Richtlinie sieht aber auch vor, dass Mitgliedstaaten Ausnahmen von dieser Zielerreichung in Anspruch nehmen können. Unter bestimmten in Art. 4 WRRL aufgeführten und unten erläuterten Bedingungen können die Ziele der Richtlinie hinter andere gesellschaftliche Ziele gestellt werden.

Im Allgemeinen gilt, dass die Inanspruchnahme einer Ausnahme eines jeden Wasserkörpers zu Beginn der Bewirtschaftungsperiode mit der Erstellung des Bewirtschaftungsplans sowie des Maßnahmenprogramms vorgenommen wird[8]. Über das elektronische Berichtssystem WISE (Water Information System for Europe) der Europäischen Kommission werden die Informationen auf Wasserkörperebene erfasst. Formal ist der Zustand dann für die gesamte Periode von sechs Jahren festgelegt.

Die Begrifflichkeiten zur Unverhältnismäßigkeit unterscheiden sich zwischen den einschlägigen Dokumenten und zum Teil auch innerhalb der Dokumente. Im englischen Richtlinientext werden die Begriffe „disproportionately expensive" (z. B. Art. 4.5 Water Framework Directive (WFD)) und „unreasonably expensive" (Erwägungsgrund (31) WFD) genutzt. Im deutschen Richtlinientext

---

[8] Den Autoren ist bewusst, dass Einigung darüber besteht, dass Art. 4.3 WRRL im eigentlichen Sinn keine Ausnahme darstellt (siehe CIS 2009): 6 f.: *"It has been agreed that artificial and heavily modified water bodies do not constitute a conventional objective or exemption. They are a specific water body category – with its own classification scheme and objectives – which is related to the other exemptions in requiring certain socio-economic conditions to be met before it comes to play."*) Für die bessere Lesbarkeit wird dieser Tatbestand in diesem Dokument dennoch mit den Ausnahmen zusammengefasst betrachtet und nicht als Wasserkörperkategorie gesondert dargestellt.

werden die Begriffe „unverhältnismäßige Kosten" (Art. 4.3 WRRL, Art. 4.7 WRRL), „unverhältnismäßig hohe Kosten" (Art. 4.4 WRRL) und „unverhältnismäßig teuer" (Art. 4.5 WRRL) verwendet. Im Wasserhaushaltsgesetz (WHG) wird in den analogen Textstellen durchgängig der Begriff „unverhältnismäßig hoher Aufwand" (z. B. § 30 WHG) gebraucht. In der Literatur zur WRRL wird in der Regel von „unverhältnismäßig hohen Kosten" bzw. „einer Unverhältnismäßigkeit der Kosten" gesprochen. Dieser Sprachgebrauch wird in den folgenden Ausführungen übernommen.

Die einzelnen Ausnahmen

Die Unverhältnismäßigkeit der Kosten ist ein zentraler Rechtfertigungsgrund für die fünf möglichen Rechtfertigungen einer Abweichung von den in Art. 4 Abs. 1 aufgeführten Umweltzielen der WRRL (siehe Abbildung 8). Zu beachten ist, dass es nicht allein die Kosten der Gewässerschutzmaßnahmen, also von Maßnahmen zur Erreichung einer Umweltverbesserung oder zur Verhinderung einer Umweltverschlechterung (im Weiteren kurz: Maßnahmenkosten) sind, die unverhältnismäßig hoch sein müssen. Bei der Mehrzahl der Ausnahmen muss eine Kostenunverhältnismäßigkeit auch bei Aktivitäten vorliegen, die nicht für die Erhaltung oder Verbesserung der aquatischen Umwelt, sondern für andere Ziele eingesetzt werden.

So heißt es in den einschlägigen Abschnitten der Ausnahme „künstlich oder erheblich veränderte Wasserkörper" des Art. 4 Abs. 3:

> „Die Mitgliedstaaten können einen Oberflächenwasserkörper als künstlich oder erheblich verändert einstufen, wenn [...] die nutzbringenden Ziele, denen die künstlichen oder veränderten Merkmale des Wasserkörpers dienen, aus Gründen der technischen Durchführbarkeit oder aufgrund unverhältnismäßiger Kosten nicht in sinnvoller Weise durch andere Mittel erreicht werden können [...]."

Die Höhe der Maßnahmenkosten spielt hier also keine Rolle. Zu bestimmen sind die Kosten von Aktivitäten, die die nutzbringenden Ziele, die bei der aktuellen Bewirtschaftung realisiert werden, auf anderem Wege erreichen. Entscheidend ist also die Höhe der

Kosten dieser Ersatzaktivitäten, die sicherstellen, dass trotz Einschränkung oder Aufgabe der aktuellen Wassernutzung diese nutzbringenden Ziele weiterhin erreicht werden.

Im nachfolgenden Textfeld ist der Zusammenhang von Gewässernutzung, Gewässerschutzmaßnahmen und Ersatzaktivitäten dargestellt.

Der Zusammenhang von Gewässernutzung, Gewässerschutzmaßnahmen und Ersatzaktivitäten

Gewässernutzung

Die Gewässer werden in vielfältiger Weise vom Staat, den Unternehmen und den Privathaushalten genutzt. Der Begriff der Gewässernutzung ist weit zu interpretieren. Er umfasst nicht nur die in § 9 WHG aufgeführten Benutzungen, sondern alle, den jeweiligen Wasserkörper direkt oder indirekt beeinflussende Verhaltensweisen. Die Nutzung der Gewässer erfüllt ökologische und sozioökonomische Erfordernisse – in der WRRL und im WHG wird in diesem Zusammenhang auch von nutzbringenden Zielen gesprochen.

In der juristischen Literatur wird darauf verwiesen, dass (Beispiele für) sozioökonomische Erfordernisse/nutzbringende Ziele in § 28 Abs. 1 WHG genannt sind (siehe Kotulla 2020: § 30 Rn 10). In § 28 Abs. 1 WHG findet man neben konkreten Angaben wie Trink- und Brauchwasserversorgung, Freizeitnutzung und Abwasserbeseitigung auch die allgemeine Formulierung *„nachhaltige Entwicklungstätigkeiten der Menschen"*.

Diese Formulierung ist als Auffangtatbestand zu interpretieren:

> „Nachhaltigkeit ist hier nicht im Sinne eines übergreifenden Konzeptes, sondern lediglich als Ausschluss von Bagatellfällen zu interpretieren."
> (Sieder et al. 2019: § 28 Rn 48)

Somit dürfte es schwerfallen, eine Nutzung der Gewässer zu benennen, die kein sozioökonomisches Erfordernis erfüllt. Die Gewässernutzung kann (in der Terminologie der WRRL und des WHG: *„menschliche Aktivitäten können"*) zu einer

> Beeinträchtigung der Gewässer führen, nämlich zu den in Nummer 1.4 des Anhangs II der WRRL zusammengestellten Belastungen (siehe auch Übersicht LAWA 2003: 21). Die Beeinträchtigung kann aus einem positiven Tun oder einem Unterlassen resultieren, sie kann gewollt oder ungewollt sein (siehe Ginzky 2005: 522).
>
> **Gewässerschutzmaßnahmen**
>
> Gewässerschutzmaßnahmen sind Maßnahmen zur Erreichung von Umweltverbesserungen oder zur Verhinderung von Umweltverschlechterungen der Gewässer.
>
> Gewässerschutzmaßnahmen können zur Folge haben, dass Gewässernutzungen und damit menschliche Tätigkeiten eingeschränkt oder aufgegeben werden. In einem solchen Fall sind neben den Gewässerschutzmaßnahmen auch Ersatzaktivitäten für die eingeschränkten oder aufgegebenen menschlichen Tätigkeiten durchzuführen, und zwar in einem Umfang, der sicherstellt, dass die ökologischen und sozioökonomischen Erfordernisse weiterhin erfüllt werden.
>
> **Ersatzaktivitäten**
>
> Ersatzaktivitäten sind Aktivitäten, die Alternativen zur bisherigen Gewässernutzung darstellen – in der WRRL werden die Ersatzaktivitäten als *„andere Mittel"* bezeichnet, im WHG als *„andere Maßnahmen"*.
>
> Eine Aktivität ist dann eine Ersatzaktivität, wenn sie allein oder im Verbund mit anderen Ersatzaktivitäten dieselben ökologischen und sozioökonomischen Erfordernisse erfüllt wie eine Gewässernutzung.

Für die Ausnahmeregelung der Fristverlängerung müssen die Maßnahmenkosten betrachtet werden. Nach Art. 4 Abs. 4 der WRRL können die vorgesehenen Fristen zur Erreichung der Umweltziele verlängert werden, wenn gilt:

> *„Die Verwirklichung der Verbesserungen innerhalb des vorgesehenen Zeitrahmens würde unverhältnismäßig hohe Kosten verursachen."*

Für die Festlegung weniger strenger Umweltziele (abweichende Bewirtschaftungsziele) wird in Art. 4 Abs. 5 der WRRL auf zwei „Unverhältnismäßigkeitsprüfungen" Bezug genommen. Zum einen muss das Erreichen der Umweltziele *„in der Praxis nicht möglich oder unverhältnismäßig teuer"* sein. Zum anderen muss gelten: Die die aktuelle Wassernutzung bedingenden ökologischen und sozioökonomischen Erfordernisse *„können nicht durch andere Mittel erreicht werden, die eine wesentlich bessere und nicht mit unverhältnismäßig hohen Kosten verbundene Umweltoption darstellen"*.

Für diese Ausnahmeregel ist also sowohl die Höhe der Maßnahmenkosten als auch die Höhe der Kosten der Ersatzaktivitäten relevant. Die Verschlechterung nach Art. 4 Abs. 7 WRRL nimmt explizit Bezug auf die Kosten von Ersatzaktivitäten. Die durch die Verschlechterung des Gewässerzustands realisierbaren *„nutzbringenden Ziele [...] können aus Gründen der technischen Durchführbarkeit oder aufgrund unverhältnismäßiger Kosten nicht durch andere Mittel, die eine wesentlich bessere Umweltoption darstellen, erreicht werden"*. Zu beachten ist, dass es hier einen weiteren impliziten Bezug zum Kriterium der Unverhältnismäßigkeit von Kosten gibt, denn es wird auch verlangt, dass *„alle praktikablen Vorkehrungen getroffen (werden), um die negativen Auswirkungen auf den Zustand des Wasserkörpers zu mindern"*.

Die WRRL selbst gibt keinen Aufschluss darüber, was mit *„praktikablen Vorkehrungen"* gemeint ist. Gleiches gilt für die Umsetzung im WHG. Unter Rückgriff auf das zugehörige CIS-Papier (CIS 2017: 52) zu Art. 4 Abs. 7 WRRL ist festzustellen, dass hierunter die wiederkehrenden Kriterien der technischen Durchführbarkeit und der nicht unverhältnismäßigen Kosten verstanden werden sollen. So heißt es dort, dass praktikable Vorkehrungen technische Durchführbarkeit und nicht unverhältnismäßige Kosten zugleich umschreiben sollen, damit ist für den Ausnahmetatbestand der Verschlechterung auch die Höhe der Maßnahmenkosten relevant. Damit ist für den Ausnahmetatbestand der Verschlechterung auch die Höhe der Maßnahmenkosten relevant.

Der Begriff der praktikablen Vorkehrungen findet sich auch in Art. 4 Abs. 6 WRRL, in dem es um vorübergehende Verschlechterungen von Wasserkörpern geht. Verlangt wird, dass *„alle praktikablen Vorkehrungen getroffen (werden), um eine weitere*

Verschlechterung des Zustands zu verhindern (...)". Für diese Ausnahmeregel sind demnach sowohl die Maßnahmenkosten als auch die Kosten von Ersatzaktivitäten zu ermitteln und auf Unverhältnismäßigkeit zu überprüfen.

Das Kriterium der Unverhältnismäßigkeit der Kosten findet sich also in allen Ausnahmeregelungen. Abbildung 8 zeigt die Kosten welcher Aktivitäten (Maßnahmen zur Erreichung der Umweltziele oder Ersatzaktivitäten) für die möglichen Abweichungen von den Umweltzielen der WRRL maßgeblich sind. Wichtig ist, dass mit den Aktivitäten dieselben nutzbringenden Ziele erreicht werden wie mit der aktuellen Wassernutzung.

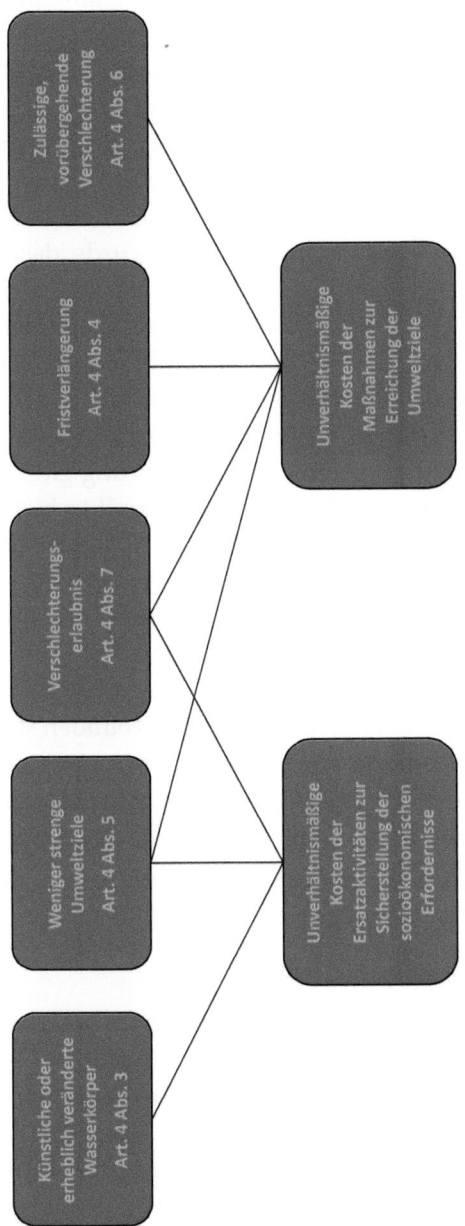

Abbildung 8: Die Kosten und Ausnahmen der WRRL unter Berücksichtigung der „praktikablen Vorkehrungen" als Kosten zur Erreichung der Umweltziele. Quelle: Eigene Darstellung in Anlehnung an *Marggraf et al. (2017)*.

Festzuhalten ist weiter: Für die vier Ausnahmetatbestände „künstliche oder erheblich veränderte Wasserkörper", „Verschlechterung", „weniger strenge Umweltziele" sowie „vorübergehende Verschlechterungen" ist das Kriterium der Unverhältnismäßigkeit der Kosten eine notwendige Bedingung dafür, dass die jeweilige Ausnahmeregelung in Anspruch genommen werden kann. Ein künstlich oder erheblich veränderter Wasserkörper darf nur ausgewiesen werden, wenn zuvor nachgewiesen wurde, dass alle Ersatzaktivitäten zur Sicherstellung der ökologischen und sozioökonomischen Erfordernisse mit unverhältnismäßig hohen Kosten verbunden sind. Eine Fristverlängerung kann nur in Anspruch genommen werden, wenn dokumentiert wurde, dass bei kosteneffizienten Maßnahmen zur Erreichung der Umweltziele die Kosten unverhältnismäßig hoch sind. Dieselbe Voraussetzung gilt für den Ausnahmetatbestand der vorübergehenden Verschlechterung. Sollen weniger strenge Umweltziele festgelegt werden oder soll eine Verschlechterung toleriert werden, so ist dies nur möglich, wenn belegt wurde, dass sowohl mit allen kosteneffizienten Maßnahmen zur Erreichung der Umweltziele als auch mit allen Ersatzaktivitäten zur Sicherstellung der ökologischen und sozioökonomischen Erfordernisse unverhältnismäßig hohe Kosten verbunden sind.

Für den Ausnahmetatbestand der Fristverlängerung ist das Kriterium der Unverhältnismäßigkeit der Kosten (der Umweltmaßnahmen) dann eine notwendige Bedingung, wenn weder Gründe der technischen Durchführbarkeit noch natürliche Gegebenheiten verhindern, dass der vorgegebene Zeitrahmen eingehalten wird.

Zum Kostenkonzept

Was alles zu den Kosten einer Aktivität gehört, wird in der WRRL nicht betrachtet. Zwar findet sich in Art. 9 WRRL der Hinweis darauf, dass umwelt- und ressourcenbezogene Kosten bei der Kostenbetrachtung berücksichtigt werden sollen, allerdings bleibt offen, welche zusätzlichen Kostenkomponenten relevant sind. Im weiteren Wortlaut der WRRL wird der Kostenbegriff nicht näher konkretisiert.

Um sich dem Verständnis der Kosten nach der Wasserrahmenrichtlinie zu nähern, bedarf es der Einbeziehung von darauf ausgerichteten Ausführungsdokumente (siehe Abbildung 4: Ausgewertete Dokumente für die Entwicklung des Prüfkatalogs zur Feststellung der Kosteneffizienz). In Frage kommen dafür, neben der Begründung zum Erlass der Richtlinie, vor allem die von der Europäischen Kommission in Zusammenarbeit mit Expertengremien erarbeiteten Ausführungsdokumente. Hier ist insbesondere das *Guidance Document No. 1 „Economics and the environment. The implementation challenge of the Water Framework Directive"* der Common Implementation Strategy (CIS 2003, WATECO 2003) zu berücksichtigen. Dieser Leitfaden ist an alle mit der Wasserrahmenrichtlinie vertrauten oder beschäftigten Expertinnen/Experten und Interessenvertreterinnen/-vertreter gerichtet und soll Aufschluss über die ökonomischen Inhalte und Wertungen der WRRL geben (WATECO 2003: 1). Insbesondere soll es die Anforderungen und Vorgehensweise bei der ökonomischen Bewertung anhand der WRRL erläutern, sodass es für den Begriff der Kosten von größtmöglicher Bedeutung ist (WATECO 2003: 1). Das *Guidance Document No. 1* ist damit das wichtigste Dokument zur Annäherung an den Kostenbegriff.

Nach dem *Guidance Document No. 1* (WATECO 2003: 116) sind „Kosten" im Sinne der WRRL als volkswirtschaftliche Kosten zu interpretieren. Relevant sind nicht nur die Kosten, die der öffentlichen Hand (dem Staat) entstehen. Die Kosten der gesamten Gesellschaft sind zu betrachten, also die Kosten des Staates, der Unternehmen und der privaten Haushalte. Die weiteren Ausführungen zum Kostenbegriff werden mit zwei Feststellungen eingeleitet. Zum einen, dass in der WRRL selbst „Kosten" als volkswirtschaftliche Kosten definiert sind und zum anderen, dass nach Art. 9 WRRL „volkswirtschaftliche Kosten" der Summe aus finanziellen, umwelt- und ressourcenbezogenen Kosten entsprechen. Beide Feststellungen sind nicht korrekt. An keiner Stelle enthält die WRRL eine Definition von „Kosten". Und in Art. 9 WRRL wird nur festgehalten, dass auch umwelt- und ressourcenbezogene Kosten zu berücksichtigen seien. Eine Erweiterung dieser beiden

Kostenkomponenten um finanzielle Kosten findet sich hier (wie in der gesamten WRRL) nicht.

In den Ausführungsdokumenten werden an verschiedenen Stellen die Konzepte der finanziellen, umweltbezogenen sowie ressourcenbezogenen Kosten thematisiert. Dies ist deshalb notwendig, weil „ressourcenbezogene Kosten" kein etablierter ökonomischer Fachbegriff ist und deshalb das Begriffspaar „umwelt- und ressourcenbezogene Kosten" aus Art. 9 der WRRL in den Wirtschaftswissenschaften unbekannt ist. Dabei findet man Ausführungen zu den finanziellen und ressourcenbezogenen Kosten, die widersprüchlich sind (Einzelheiten bei Hille & Marggraf 2019).

Es gibt zwei unterschiedliche Interpretationen von finanziellen Kosten und drei unterschiedliche Verständnisse von ressourcenbezogenen Kosten. Insgesamt werden also sechs unterschiedliche Interpretationen davon vorgelegt, was unter der Summe aus finanziellen, umweltbezogenen und ressourcenbezogenen Kosten zu verstehen ist. Eine eindeutige Handlungsanleitung lässt sich daraus nicht gewinnen.

Zur Prüfung auf Unverhältnismäßigkeit

Die Prüfung der Unverhältnismäßigkeit der Kosten einer Maßnahme zur Erreichung der Umweltziele oder einer Ersatzaktivität zur Sicherstellung der sozioökonomischen Erfordernisse setzt zum einen voraus, dass festgelegt ist, zu welcher Größe die Kosten in Relation zu setzen sind. Zum anderen muss festgelegt sein, unter welchen Bedingungen diese Relation eine Unverhältnismäßigkeit der Kosten anzeigt.

In der WRRL finden sich zu beiden Voraussetzungen keine Ausführungen, wohl aber in zwei Ausführungsdokumenten, nämlich im *Guidance Document No. 1* und im *Guidance Document No. 20*. Im *Guidance Document No. 1* werden für die Unverhältnismäßigkeitsprüfung aller Ausnahmen die Nutzen der Maßnahme bzw. Ersatzaktivität als relevante Vergleichsgröße genannt (WATECO 2003: 193), ebenso im *Guidance Document No. 20* (CIS 2009: 13). Zu vergleichen sind die jeweiligen gesamten Kosten mit dem gesamten Nutzen. Es wird nicht verlangt, dass für diesen Vergleich alle

Nutzenkomponenten in Geldeinheiten angegeben werden, auch eine qualitative Beschreibung einzelner Nutzenkomponenten ist zulässig. Gleiches gilt für die Kostenkomponenten. Der Gesamtvergleich kann ergänzt werden durch eine Gegenüberstellung der mit einer Maßnahme bzw. Ersatzaktivität verbundenen finanziellen Belastungen einzelner Personen oder Personengruppen und deren finanziellen Möglichkeiten. Wie die finanziellen Möglichkeiten zu bestimmen sind, wird nicht ausgeführt. Im *Guidance Document No. 1* gibt es weitere Ausführungen, die sich auf einzelne Ausnahmen beziehen. Auf Seite 197 (WATECO 2003) wird festgestellt, dass für die Ausnahmen der Absätze 3, 5 und 7 von Art. 4 WRRL anzustreben ist, die gesamten wirtschaftlichen Effekte zu quantifizieren und dann durch eine qualitative Darstellung der nicht-wirtschaftlichen Effekte zu ergänzen. Für die Ausnahme der Fristverlängerung werden „einfache finanzielle Kriterien" als ausreichend für die Beurteilung der Unverhältnismäßigkeit der Kosten genannt. Nähere Angaben zu diesen Kriterien werden nicht gemacht.

Die Ausführungen auf Seite 14 im *Guidance Document No. 20* (CIS 2009) lassen den Schluss zu, dass die Gegenüberstellung von finanziellen Belastungen und finanziellen Möglichkeiten als eines dieser „einfachen finanziellen Kriterien" anzusehen ist. Diese Gegenüberstellung wird somit hier als eigenständiger Ansatz interpretiert, und wird nicht mehr nur als mögliche Ergänzung der Gegenüberstellung der gesamten Kosten und Nutzen gesehen.

Der Anhang D2b vom *Guidance Document No. 1* (WATECO 2003) bezieht sich auf die Ausnahme des Art. 4 Abs. 7 WRRL. Hier wird eine weitere Vergleichsmöglichkeit genannt, nämlich der Vergleich der Kosten der Maßnahme bzw. Ersatzaktivität mit den Kosten von Alternativen zu der Maßnahme bzw. Ersatzaktivität (so auch Marggraf et al. 2017: 737 ff.). Des Weiteren wird auch hier der Vergleich der disaggregierten finanziellen Kosten mit den finanziellen Möglichkeiten als eigenständiger Ansatz dargestellt. Damit erhält die weitreichendste Ausnahme von den Umweltzielen den größten Gestaltungsspielraum bei der Unverhältnismäßigkeitsprüfung.

Was die oben genannte zweite Voraussetzung betrifft, so wird im *Guidance Document No. 1* (WATECO 2003) auf Seite 193 festgestellt, dass der durch einen Vergleich mit dem gesamten Nutzen identifizierte Unverhältnismäßigkeitsbereich nicht dort beginnen sollte, wo die ermittelten Kosten den quantifizierbaren Nutzen übersteigen. Wenn man zu dem Ergebnis kommt, dass die Kosten unverhältnismäßig sind, dann sollte der Abstand zu dem Nutzen abschätzbar sein und mit hoher Sicherheit bestimmt werden können (ebenso CIS 2009: 13). Wenn eine Fristverlängerung mit unverhältnismäßigen Kosten in dem Sinne begründet wird, dass den betroffenen Personen die finanziellen Belastungen nicht zugemutet werden können, dann muss erläutert werden, dass derzeit keine alternativen Finanzierungsmöglichkeiten zur Verfügung stehen, dass die Fristverlängerung als vertretbar anzusehen ist und dass davon ausgegangen werden kann, dass nach Ablauf der Fristverlängerung das „Zumutbarkeitsproblem" nicht mehr besteht (CIS 2009: 14).

Im *Guidance Document No. 20* (CIS 2009) werden auf Seite 14 zwei offene Punkte angesprochen. Zum einen sei noch nicht entschieden, ob unverhältnismäßige Kosten auch damit begründet werden können, dass ein Kostenträger, der zur öffentlichen Hand gehört, finanzielle Kosten tragen muss, die seine finanziellen Möglichkeiten übersteigen. Zum anderen sei offen, ob eine Unverhältnismäßigkeitsprüfung durch Gegenüberstellung finanzieller Kosten und finanzieller Möglichkeiten auch für Ausnahmen nach Art. 4 Abs. 5 WRRL eingesetzt werden kann. Angesichts der Ausführungen im *Guidance Document No. 1* (WATECO 2003), nach denen eine solche Unverhältnismäßigkeitsprüfung für Ausnahmen nach Art. 4 Abs. 7 WRRL zulässig ist, verwundert diese Offenheit, ist doch die Ausnahme nach Abs. 7 weitreichender als diejenige nach Abs. 5, nach der eine Verschlechterung ausgeschlossen ist.

In beiden Dokumenten wird attestiert, dass es sich bei der Feststellung, die Kosten seien unverhältnismäßig, letztlich um eine politische Entscheidung handele, die auf ökonomischen Informationen basiere (WATECO 2003: 193, CIS 2009: 13). Dementsprechend wird für keine der angeführten Varianten der Unverhältnismäßigkeitsprüfung (Vergleich mit Nutzen, Vergleich mit finanziellen Möglichkeiten, Vergleich mit Kosten von Alternativen) präzisiert, bei welchem Zahlenwert die „Unverhältnismäßigkeitsschwelle" liegt.

2. Stand der Diskussion in Deutschland

Vorgehen der LAWA

In Deutschland koordiniert die Bund/Länder-Arbeitsgemeinschaft Wasser (LAWA) den Umgang mit den wasserwirtschaftlichen und wasserrechtlichen Anforderungen der Europäischen Union. Zu den Ausnahmeregelungen der WRRL hat die LAWA drei Arten von Dokumenten erstellt: Hintergrunddokumente, Handlungsempfehlungen und Textbausteine (LAWA 2015b).

Die Hintergrunddokumente (z. B. zur Begründung von Fristverlängerungen und weniger strengen Bewirtschaftungszielen (LAWA 2009)) informieren über den Stand der Diskussion und der Umsetzung in Deutschland. Die Handlungsempfehlungen (z. B. zu Fragen im Zusammenhang mit dem Verschlechterungsverbot (LAWA 2017)) sind als Hilfestellung für die Vollzugsbehörden gedacht. Mit den Textbausteinen (z. B. für die Festlegung weniger strenger Bewirtschaftungsziele (LAWA 2013)) werden Formulierungshilfen für die Bewirtschaftungspläne gegeben. Alle genannten Dokumente basieren auf einer sorgfältigen Auswertung der einschlägigen europäischen Dokumente. Sie gehen hinsichtlich der Prüfung der Unverhältnismäßigkeit der Kosten jedoch nicht über die Ausführungen in den europäischen Dokumenten hinaus.

Für die Entwicklung einer Methode zur Prüfung der Kostenunverhältnismäßigkeit wurden von der LAWA Aufträge vergeben (Ammermüller et al. 2011, Klauer et al. 2015). Diese Aufträge haben zu zwei Vorschlägen für die Begründung von Ausnahmen aufgrund der Unverhältnismäßigkeit von Kosten geführt. Die beiden Alternativen sind der Durchschnittskostenansatz (alter Leipziger Ansatz) und der Benchmark-Ansatz (neuer Leipziger Ansatz).

Zur Feststellung der Kostenunverhältnismäßigkeit einer Gewässerschutzmaßnahme vergleichen beide Ansätze die Maßnahmenkosten mit den getätigten öffentlichen Ausgaben für Gewässerschutz.

Beim Durchschnittskostenansatz bilden die geplanten Gewässerschutzausgaben für die Erreichung des guten Zustands/Potenzials in allen Wasserkörpern des jeweiligen Bundeslandes die Vergleichsgröße. Beim Benchmark-Ansatz werden die deutschlandweiten durchschnittlichen öffentlichen Ausgaben für den Gewässerschutz (vor Umsetzung der WRRL) als Vergleichsgröße herangezogen.

Reese & Köck (2018) haben sich in ihrer Abhandlung zur Flussgebietsbewirtschaftung im Bundesstaat mit beiden Ansätzen auseinandergesetzt. Sie legen dar, dass

> „die Frage der Unverhältnismäßigkeit wesentlich auf einer (qualitativen) Abwägung beruhen muss, für die dem zuständigen Träger der BWP auch ein Abwägungsspielraum zustehen muss. Umso entscheidender kommt es indes darauf an, dass dem Unverhältnismäßigkeitsurteil alle für den Kosten-Nutzen-Vergleich benötigten Informationen zugrunde liegen. […] Zu dem maßgeblichen Nutzen ist in den o. g. Fernwirkungskonstellationen essentiell auch der Nutzen zu rechnen, der durch die Entlastungen in anderen OWK flussabwärts erreicht wird"
> (Reese & Köck 2018: 132).

Die Autoren kritisieren z. B. an dem Konzept von Ammermüller et al. (2011), welches einen landesweiten Umsetzungs-Kostendurchschnitt pro Kilometer Gewässerstrecke als Verhältnismäßigkeits-Kostenschwelle angibt, dass die Festlegung dieser Schwelle weder objektiv begründbar noch praktikabel sei, da der maßgebende Kostenmedian nicht ermittelt werden könne (Reese & Köck 2018: 132). Vor allem aber kritisieren sie, dass in dem Ansatz die Fernwirkungskonstellationen und Flussgebietszusammenhänge weithin „ausgeblendet" würden (Reese & Köck 2018: 132 f.). Reese und Köck kommen daher zu dem Schluss, dass die Methode für eine Betrachtung über mehrere Wasserkörper und unterschiedliche Zielabstände ungeeignet sei (Reese & Köck 2018: 133).

Ähnlich sehen die Autoren die Methode von Klauer et al. (2015) hinsichtlich der entwickelten Kostenunverhältnismäßigkeitsschwelle, die sich auf die durchschnittlichen historischen Gewässerschutzausgaben in Deutschland pro km² Landesfläche und Jahr bezieht und mithilfe eines Aufwandsfaktors berechnet wird. Sie führen an, dass eine entscheidende Anwendungsgrenze in den

Fernwirkungskonstellationen bestehe und dass generell das auf den Maßnahmenort berechnete Durchschnittsbudget keinen „adäquaten Orientierungspunkt" für Schadstoff-Maßnahmen mit dem Ziel der Entlastung des gesamten Flussgebietes bilden könne. Dies begrenze, nach Ansicht der Autoren, auch die rechtliche Belastbarkeit (Reese & Köck 2018:139). Da eine Unverhältnismäßigkeitsprüfung nach Reese und Köck vor allem den *„gesamten Kosten-Nutzen-Zusammenhang von Verursachungs- und Entlastungsbereich zu berücksichtigen hat"* (Reese & Köck 2018:139), sei insbesondere die lediglich „grobe Nutzenbewertung" (Reese & Köck 2018: 138) im Konzept von Klauer et al. (2015) ein wesentlicher Schwachpunkt.

Bei der Verhältnismäßigkeitsfrage sehen die Autoren die Entscheidung, wann und an welcher Stelle ein Maßnahmenaufwand als unverhältnismäßig hoch anzusehen sei und ob im Fernwirkungsbereich möglicherweise die Ziele anzupassen seien, als eine Gesamtabwägung mit Blick auf die jeweiligen Kostenwirksamkeitsrelationen, Nebeneffekte und Fernleistungen (Reese & Köck 2018: 140 f.). Dementsprechend legen sie die Verhältnismäßigkeit als *„eine Frage planerischer Bewirtschaftung"* aus, die zur *„Anerkennung von Abwägungsspielräumen"* führe (Reese & Köck 2018: 143).

In einem Fazit fassen Reese und Köck zusammen,

> „dass weniger strenge Ziele u. U. auch im Zusammenhang für mehrere betroffene Wasserkörper gerechtfertigt werden können, wenn die Kosten der Quellensanierung so hoch sind, dass sie die Zielabsenkung auch im Verhältnis zu den Wasserkörpern des Unterstroms rechtfertigen. Wenn insoweit die Begründung der Zielabsenkung eine WK-übergreifende, flussgebietsbezogene Rechtfertigungsperspektive zugrunde gelegt wird, muss dies allerdings auch für die Pflicht gelten, den mit verhältnismäßigem Aufwand zu erreichenden bestmöglichen Zustand herzustellen"
> (Reese & Köck 2018: 141).

Dies beinhaltet eine Beteiligung der von Minderzielen „profitierenden" Oberlieger an Maßnahmen der Unterlieger zur Bewältigung der Fernwirkungen und die Entwicklung eines flussgebietsbezogenen Finanzierungsmechanismus sowie eine „echte" Koordinierung in der Bewirtschaftungsplanung (Reese & Köck 2018: 146).

Bewertung der Leipziger Ansätze

Betrachtet man den Durchschnittskostenansatz und den Benchmark-Ansatz unter dem Aspekt, inwiefern diese Verfahren den Anforderungen der EU zur Begründung von Ausnahmen aufgrund der Unverhältnismäßigkeit von Kosten genügen, so erhält man folgendes Ergebnis:

1. Mit keinem der beiden Ansätze kann beurteilt werden, ob unverhältnismäßig hohe Kosten einen der drei Ausnahmetatbestände „künstlich oder erheblich veränderte Wasserkörper", „weniger strenge Bewirtschaftungsziele" sowie „Verschlechterung" rechtfertigen.
   Bei den Ausnahmeregelungen „weniger strenge Umweltziele" und „Verschlechterung" müssen nicht nur die Kosten der Gewässerschutzmaßnahme, sondern auch die Kosten von Ersatzaktivitäten zur Sicherstellung ökologischer und sozioökonomischer Erfordernisse unverhältnismäßig hoch sein. Der Ausnahmetatbestand „künstlich oder erheblich veränderte Wasserkörper" erfordert den Nachweis der Kostenunverhältnismäßigkeit nur für die Ersatzaktivitäten (siehe Abbildung 8).
   Ersatzaktivitäten haben nicht den Gewässerschutz zum Ziel. Sie sollen die Realisierung anderer wichtiger gesellschaftlicher Ziele sicherstellen. Einige dieser Ziele sind in § 28 WHG aufgeführt.
   Es gibt keinen sachlogischen Zusammenhang zwischen den Kosten der Ersatzaktivitäten und den Gewässerschutzausgaben. Somit stellen Gewässerschutzausgaben keine adäquate Bezugsgröße für die Beurteilung der Unverhältnismäßigkeit der Kosten von Ersatzaktivitäten dar.
   Der Anwendungsbereich des Durchschnittskostenansatzes und Benchmark-Ansatzes ist demzufolge auf die beiden Ausnahmetatbestände „vorübergehende Verschlechterung" und „Fristverlängerung" beschränkt.
2. Beide Ansätze verstehen unter den Kosten einer Gewässerschutzmaßnahme etwas anderes als die WRRL.
   Nach der WRRL sind für die Unverhältnismäßigkeitsprüfung die Kosten der Maßnahme für die (gesamte)

Gesellschaft relevant. Der Durchschnittskosten- und der Benchmark-Ansatz berücksichtigen lediglich einen Teil der gesellschaftlichen Kosten – und zwar den staatlichen Erfüllungsaufwand der Maßnahme.

Der Zusammenhang zwischen Erfüllungsaufwand und gesellschaftlichen Kosten ist wie folgt bestimmt:

Kosten für die Gesellschaft (volkswirtschaftliche Kosten) =
- (1) staatlicher Erfüllungsaufwand der Maßnahme +
- (2) aus der Finanzierung der Maßnahme resultierende Zusatzkosten privater Haushalte +
- (3) aus der Maßnahmenumsetzung resultierende Kosten der privaten Haushalte, die aus den Belastungen der Wirtschaft und/oder der natürlichen Umwelt resultieren

Bei den vom Staat für die Entwicklung und Umsetzung der Maßnahme eingesetzten Ressourcen ist zu unterscheiden zwischen den Ressourcen, über die der Staat schon verfügt und die jetzt über Personalumsetzung, Mittelumwidmung, Neuorganisation etc. für die Maßnahme eingesetzt werden, und den Ressourcen, die der Staat erst einstellen bzw. erwerben muss. Für diese Ressourcen (neu eingestellte Beschäftigte, zugekaufte Sachmittel etc.) fallen Zahlungen des Staates an.

Wenn der Staat nicht an anderer Stelle seine Ausgaben reduziert, erhöhen sich damit die Staatsausgaben. Diese zusätzlichen Staatsausgaben müssen durch Steuereinnahmen oder Kreditaufnahme finanziert werden. Beide Finanzierungsformen führen zu Belastungen der privaten Haushalte, die über den zu finanzierenden Betrag hinausgehen – die Zusatzlast der Finanzierung.

Wird diese Zusatzlast in Geldeinheiten ausgedrückt, so erhält man die Zusatzkosten der Finanzierung. Diese Zusatzkosten stellen neben dem Erfüllungsaufwand eine zweite Komponente der gesellschaftlichen Kosten dar. Wenn durch die Umsetzung der Maßnahme Preise steigen, Arbeitsplätze verloren gehen, die Einkommen aus Unternehmertätigkeit und Vermögen sinken oder wenn die Umsetzung negative Auswirkungen auf Umweltgüter und

Ökosystemleistungen hat, dann resultieren aus der Maßnahmenumsetzung Belastungen für die privaten Haushalte. Eine monetäre Bewertung dieser Belastungen ergibt die dritte Komponente der gesellschaftlichen Kosten der Maßnahme – die aus der Maßnahmenumsetzung resultierenden Kosten der privaten Haushalte.

Erfüllungsaufwand und gesellschaftliche Kosten stimmen also nur dann überein, wenn die Kostenkomponenten (2) und (3) jeweils gleich Null sind. Führt die Finanzierung der Maßnahme bei den privaten Haushalten zu Zusatzkosten und/oder sind mit der Maßnahmenumsetzung Belastungen für die privaten Haushalte verbunden, dann entspricht der Erfüllungsaufwand der Maßnahme nicht deren (gesamten) gesellschaftlichen Kosten.

Dies bedeutet:
(a) wenn der Staat für die Maßnahmendurchführung Ressourcen einstellen/erwerben muss

und/oder

(b) wenn die Umsetzung der Maßnahme zu Produktionseinschränkungen und/oder Mehrkosten bei Unternehmen führt

und/oder

(c) wenn mit der Umsetzung der Maßnahme negative Auswirkungen auf Umweltgüter und Ökosystemleistungen verbunden sind, dann unterschätzen Durchschnittskosten- und Benchmark-Ansatz die gesellschaftlichen Kosten der Maßnahme. Als Folge dieser Unterschätzung kann bei beiden Ansätzen die Unverhältnismäßigkeitsprüfung zu einem falschen Ergebnis führen.

Damit ergibt sich als Fazit: Bei drei Ausnahmetatbeständen („künstlich oder erheblich veränderte Wasserkörper", „weniger strenge Umweltziele", „Verschlechterung") können weder Durchschnittskosten- noch Benchmark-Ansatz eingesetzt werden. Werden diese Ansätze genutzt, um zu überprüfen, ob unverhältnismäßig hohe Kosten eine der Ausnahmen „Fristverlängerung" oder „vorübergehende Verschlechterung" rechtfertigen, so ist nicht sichergestellt, dass auf Basis der Prüfung nur Gewässerschutzmaßnahmen durchgeführt werden, deren Kosten nicht unverhältnismäßig hoch sind.

3. Die Berücksichtigung der Vorgaben der WRRL durch die Göttinger Prüfverfahren

Ausnahmespezifische Struktur

Die *Göttinger Prüfverfahren* zur Inanspruchnahme von Ausnahmen aufgrund unverhältnismäßig hoher Kosten sind so konzipiert, dass den in Teil II Kapitel 1 dargestellten Anforderungen der WRRL vollumfänglich Rechnung getragen wird.

Wie die Übersicht in Abbildung 9 verdeutlicht, werden in den *Göttinger Prüfverfahren* für die einzelnen Ausnahmetatbestände die jeweils relevanten Aktivitäten – Maßnahmen zur Erreichung der Umweltziele und/oder Ersatzaktivitäten zur Sicherstellung sozio-ökonomischer Erfordernisse – betrachtet. Bei deren Anwendung werden die jeweiligen in der Einleitung dargestellten ausnahmespezifischen Prüfkataloge eingesetzt.

Künstlich oder erheblich veränderte Wasserkörper
Art. 4 Abs. 3

Ersatzaktivitäten zur Sicherstellung sozioökonomischer Erfordernisse

- Volkswirtschaftliche Kosten und Nutzen, Belastung privater WS, Umweltwirkungen, direkte Kosten, wirtschaftliche Effekte, zusätzliche materielle Bedingungen

Fristverlängerung
Art. 4 Abs. 4

Maßnahmen zur Erreichung der Umweltziele

- Volkswirtschaftliche Kosten und Nutzen, Belastung privater WS, Umweltwirkungen, direkte Kosten, wirtschaftliche Effekte, zusätzliche materielle Bedingungen

Weniger strenge Umweltziele
Art. 4 Abs. 5

Maßnahmen zur Erreichung der Umweltziele

Ersatzaktivitäten zur Sicherstellung sozioökonomischer Erfordernisse

Vorübergehende Verschlechterung
Art. 4 Abs. 6

Maßnahmen zur Erreichung der Umweltziele

Verschlechterung
Art. 4 Abs. 7

Maßnahmen zur Erreichung der Umweltziele

Ersatzaktivitäten zur Sicherstellung sozioökonomischer Erfordernisse

Abbildung 9: Übersicht zur ausnahmespezifischen Struktur der *Göttinger Prüfverfahren*.
Quelle: Eigene Darstellung. Abkürzung WS = Wirtschaftssubjekte.

Die Prüfverfahren für die Ausnahmetatbestände „Verschlechterung" und „weniger strenge Umweltziele" sind umfassender als für die anderen drei Ausnahmetatbestände, weil hier die Kosten sowohl von Maßnahmen zur Erreichung der Umweltziele als auch die für die Ersatzaktivitäten zur Sicherstellung der ökologischen und sozioökonomischen Erfordernisse eine Rolle spielen. Bei den anderen drei Ausnahmetatbeständen sind nur die Folgen einer Aktivität von Bedeutung.

Bestimmt werden jeweils die für die Beurteilung der Unverhältnismäßigkeit relevanten Aktivitätsfolgen „volkswirtschaftliche Nutzen", „volkswirtschaftliche Kosten" sowie „Belastung der privaten Wirtschaftssubjekte (Unternehmen und Privathaushalte)". Zusätzlich werden in den Prüfverfahren die Umweltwirkungen der Aktivitäten ausgewiesen. Ob und in welcher Form die aus den positiven und negativen Umweltwirkungen resultierenden volkswirtschaftlichen Kosten und Nutzen dargestellt werden können, hängt von den jeweils vorliegenden Kenntnissen, Daten und Informationen über die betreffenden Umweltwirkungen ab.

Zur Darstellung umweltbezogener Kosten und Nutzen

Wie Abbildung 10 verdeutlicht, wird eine Monetarisierung angestrebt, jedoch nicht „um jeden Preis".

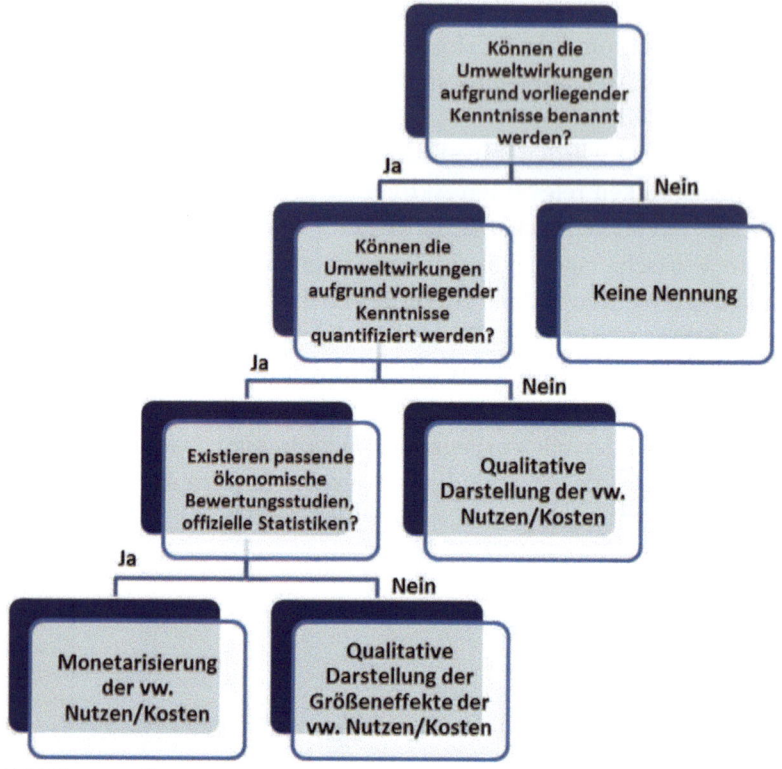

Abbildung 10: Übersicht zur Darstellung umweltbezogener Kosten und Nutzen. Quelle: Eigene Darstellung. Abkürzung vw. = volkswirtschaftlich.

Zur Darstellung[9] umweltbezogener Kosten und Nutzen ist die Grundvoraussetzung, dass die ExpertInnen Umweltwirkungen auch benennen können. Dies bedeutet, dass neben den angestrebten Umweltwirkungen zur Verbesserung des Umweltziels lediglich jene Umweltwirkungen benannt werden können, auf die die

---

[9] Da Kapitel I und II unabhängig voneinander gelesen werden können, wiederholen sich ab hier einige Textstellen aus Kapitel I, die auch für die Prüfung von Ausnahmen gelten und für das Verständnis erforderlich sind.

Maßnahme nachvollziehbare Effekte hat. Diese können auf vorliegenden Erkenntnissen aus Studien und/oder Erfahrungen von Expertinnen/Experten beruhen. In der nächsten Ebene ist die Frage, ob die benannten Umweltwirkungen auch quantifiziert werden können. An dieser Stelle ist auch die voraussichtliche Wirksamkeit der Maßnahme – möglichst anhand von Studien – mit konkreter Angabe, auf welche Parameter sich die Wirksamkeit bezieht, zu quantifizieren. Dies kann z. B. die Reduzierung der Stickstoffeinträge in Kilogramm je Kilometer Gewässerrandstreifen sein. Ist keine Quantifizierung der Umweltwirkungen möglich, werden die daraus entstehenden volkswirtschaftlichen Kosten und Nutzen qualitativ bzw. verbal-deskriptiv beschrieben. Bei einer erfolgten Quantifizierung der Umweltwirkungen wird auf der nächsten Ebene nach offiziellen Statistiken, bspw. von der Bundesregierung, zur Monetarisierung volkswirtschaftlicher Kosten recherchiert und nach passenden ökonomischen Bewertungsstudien gesucht, die eine Monetarisierung der volkswirtschaftlichen Nutzen ermöglichen. Ist eine Monetarisierung nicht möglich, werden die Größeneffekte der volkswirtschaftlichen Kosten und Nutzen auf der Grundlage der Quantifizierungen dargestellt.

Weitere Prüfschritte

Zusätzlich ausgewiesen werden weiter die direkten Kosten der Aktivitäten, also die finanziellen Aufwendungen, die den inländischen Wirtschaftseinheiten – private Haushalte, Unternehmen, öffentliche Haushalte – entstehen. Hierbei werden private Organisationen ohne Erwerbszweck (Vereine und Verbände) den privaten Haushalten zugeordnet und Unternehmen nach Wirtschaftsbereichen differenziert, wobei der Systematik des Statistischen Bundesamtes gefolgt wird.

Des Weiteren werden in den Prüfverfahren die positiven und negativen wirtschaftlichen Effekte der relevanten Aktivitäten bestimmt. Es wird also dargestellt, wie sich die Maßnahmen zur Erreichung der Umweltziele und/oder die Ersatzaktivitäten zur Sicherstellung der sozioökonomischen Erfordernisse auf das wirtschaftliche Geschehen (z. B. Beschäftigung und Preise) auswirken.

Die Bestimmung der direkten Kosten sowie der wirtschaftlichen Folgen wurde in die *Göttinger Prüfverfahren* aufgenommen, denn jede Entscheidung für oder gegen einen Ausnahmetatbestand muss sich der öffentlichen Diskussion stellen. Und für die interessierte Öffentlichkeit ist (auch) von Bedeutung, welche Konsequenzen die Entscheidungen der Wasserwirtschaftsverwaltung für ihre wirtschaftliche Situation haben: Gibt es negative Effekte auf dem Arbeitsmarkt, können sich Wachstumshemmnisse und damit negative Folgen für die Einkommensentwicklung ergeben, wie hoch sind die Bürokratiekosten, ist mit steigenden Preisen zu rechnen etc. – solche und ähnliche Fragen interessieren die Bürger in ihrer Rolle als „Arbeitnehmer, Unternehmer, Steuerzahler, Konsument".

Diese Fragen können allein auf Grundlage der aggregierten volkswirtschaftlichen Kosten und Nutzen nicht beantwortet werden, wohl aber auf Basis des differenzierten dreistufigen Analysekonzeptes, mit dem in den *Göttinger Prüfverfahren* die ökonomischen Folgen (direkte Kosten, gesamtwirtschaftliche Effekte, volkswirtschaftliche Kosten und Nutzen) der Aktivitäten bestimmt werden. Die Prüfverfahren ermöglichen der Wasserwirtschaftsverwaltung somit, sich vorausblickend und umfassend über das Konfliktpotenzial ihrer Entscheidungen zu informieren und stärken deren Informationsbasis für die öffentliche Diskussion.

Für jeden Ausnahmetatbestand müssen neben der Unverhältnismäßigkeit von Kosten noch weitere Bedingungen erfüllt sein. So muss der Ausnahmetatbestand und dessen Begründung im Bewirtschaftungsplan dargelegt und gegebenenfalls alle sechs Jahre überprüft werden. Diese Bedingung bezieht sich darauf, wie mit dem Ergebnis der Prüfung umzugehen ist (was ist zu beachten, wenn unverhältnismäßig hohe Kosten einen Ausnahmetatbestand rechtfertigen?) und kann nicht Gegenstand der Prüfung selbst sein.

Neben dieser formalen Bedingung sind für jeden Ausnahmetatbestand zusätzliche materielle Bedingungen formuliert, d. h. Bedingungen, die zusätzlich zur Unverhältnismäßigkeit der Kosten erfüllt sein müssen, wenn von den Umweltzielen der WRRL abgewichen werden soll. So muss beispielsweise im Falle des Ausnahmetatbestandes „weniger strenge Umweltziele" sichergestellt sein, dass in Hinblick auf Oberflächengewässer der bestmögliche ökologische und chemische Zustand erreicht wird. Zudem sollen im Hinblick auf das Grundwasser die geringstmöglichen Veränderungen des guten Zustands eintreten. Es darf auch keine weitere Verschlechterung des betreffenden Wasserkörpers erfolgen. Die *Göttinger Prüfverfahren* prüfen auch, ob diese zusätzliche materiellen Bedingungen der einzelnen Ausnahmetatbestände vorliegen.

Daten- und Berechnungsgrundlage

Zum *Göttinger Prüfverfahren* wurde zusätzlich eine Daten- und Berechnungsgrundlage als Hintergrunddokument zur sozioökonomischen Bewertung von Maßnahmen entwickelt. Diese soll bspw. die öffentliche Verwaltung bei einer selbständigen Durchführung der Bewertung unterstützen. Die Daten- und Berechnungsgrundlage ist auch für direkte Maßnahmenkosten wesentlich und in vielen Fällen als Grundlage für eine umfassende Bewertung ausreichend. Wird mit erheblichen volkswirtschaftlichen Effekten gerechnet, sollte eine weitere ökonomische Expertise hinzugezogen werden.

Die Daten- und Berechnungsgrundlage ist als eine Ergänzung zum *Göttinger Prüfverfahren* zu sehen, die aus sieben Teilen (A bis G) besteht und u. a. Informationen, Daten, Datenquellen sowie Berechnungsschritte beinhaltet. Jeder Teil setzt sich aus einem Abschnitt I *Berechnung* und einem Abschnitt II *Arbeitshilfe* zusammen.

In Abschnitt I wird das Ziel des Arbeitsschritts beschrieben, die Arbeitshilfe (Abschnitt II) stellt den Weg bzw. die Komponenten der Berechnung dar. Teil A fokussiert die Auswirkungen des Erfüllungsaufwandes der Verwaltung auf die Staatsausgaben und enthält als Arbeitshilfen u. a. Angaben zu Tätigkeiten der Verwaltung zur Erfüllung von Vorgaben oder Prozessen, Richtwerte für die Arbeitszeiten und Personalkostensätze gemäß dem Bundesministerium für Finanzen. In Teil B geht es um die Auswirkungen des Erfüllungsaufwandes der Wirtschaft auf die Bruttowertschöpfung, Beschäftigung und Preise. Dafür werden bspw. Informationen und Daten zu Abschreibungen, Lohnkosten, die aus Informationspflichten der Wirtschaft resultieren, und Arbeitshilfen zur prozentualen Änderung der Folgen für einen Wirtschaftsbereich zur Verfügung gestellt. Teil C beschäftigt sich mit den Auswirkungen der Umweltverbesserung auf die Wirtschaft und Bevölkerung. Dazu werden Daten zu den wichtigsten Wirtschaftsbereichen aus offiziellen Statistiken und Hinweise zu Schätzungen über prozentuale Veränderungen bereitgestellt. Die Teile D und E geben Berechnungs- und Arbeitshilfen zur Ermittlung der volkswirtschaftlichen Kosten des Erfüllungsaufwandes der Verwaltung und der Wirtschaft inkl. Zusatzlast der Finanzierung[10] und Varianten der Vor- und Rücküberwälzung von Kosten sowie Preiselastizitäten. In Teil F werden die jährlichen volkswirtschaftlichen Nutzen durch die Umweltverbesserung behandelt. Zur Bestimmung der monetären individuellen Wertschätzung wird eine umfangreiche Tabelle an Ergebnissen von nationalen und internationalen Zahlungsbereitschaftsstudien mit Wasserbezug zur Verfügung gestellt. Für die Berechnung des gesamten nicht-wirtschaftlichen Wertes[11] der Umweltverbesserung

---

[10] Die jährlichen volkswirtschaftlichen Kosten des Erfüllungsaufwandes der Verwaltung setzen sich aus dem Erfüllungsaufwand der Verwaltung und der Zusatzlast der Finanzierung dieses Aufwandes zusammen, falls es zu einer Kapazitätserhöhung in der öffentlichen Verwaltung kommt. Das bedeutet, dass der mit der Maßnahme verbundene zusätzliche Personalaufwand nicht mit bereits bestehenden Stellen abgedeckt werden kann, sondern Neueinstellungen bzw. Mehrbezahlungen erfordert. Die Finanzierung der Neueinstellungen bzw. Mehrbezahlungen führt zu Wohlfahrtsverlusten. Die (positive) Differenz zwischen diesen Wohlfahrtsverlusten und dem zu finanzierenden zusätzlichen Aufwand wird als Zusatzlast der Finanzierung bezeichnet. Damit wird der Veränderung der relativen Preise zwischen zwei Gütern, zwischen Konsum und Ersparnis sowie zwischen Arbeit und Freizeit Rechnung getragen.

[11] Nach der umweltökonomischen Bewertungstheorie lässt sich für die Umwelt ein ökonomischer Gesamtwert – der Total Economic Value – ermitteln. Dieser Gesamtwert ergibt sich aus Wertkategorien, die Sets verschiedener nutzungsabhängiger und nutzungsunabhängiger Werte beinhalten. Nutzungsabhängige Werte sind wirtschaftliche, konsumtive Werte wie Ressourcen (Nahrung, Biomasse), nicht-konsumtive Werte wie Erholung und Gesundheit sowie Werte, die einen ästhetischen Wert oder Symbolwert aufweisen oder naturschutzfachlich bzw. rechtlich von Interesse sind. Die Wertkategorie beinhaltet auch indirekte Werte wie Funktionswerte (Klimaregulierung, Kohlenstoffbindung) und Optionswerte, die die Möglichkeit für eine zukünftige Nutzung erfassen. Nutzungsunabhängige Werte stellen keine Nutzungen im engeren Sinn dar, sondern bündeln Werte wie Existenz- und Vermächtniswerte. Nutzungsunabhängige Werte werden erfasst, ohne exakte Identifizierung oder Relation zu anderen Werten. Existenzwerte beschreiben den Wert der natürlichen Umwelt für Individuen durch deren bloße Existenz. Bei Vermächtniswerten schätzen die Individuen die Erhaltung der Natur für künftige Generationen. Mit dem

wird die Durchführung eines Benefit-Transfers[12] dargestellt. Der letzte Teil G zeigt die Berechnung des Kosten-Nutzen-Verhältnisses aus dem Gegenwartswert der volkswirtschaftlichen Gesamtkosten und dem Gegenwartswert der quantifizierten volkswirtschaftlichen Gesamtnutzen. Die dazugehörigen Arbeitshilfen verdeutlichen die Berechnungsschritte anhand eines Beispiels, die die Bestimmung des einzubeziehenden Zeitraumes, der betreffenden Jahre und die Durchführung einer Diskontierung zeigen.

4. Das Göttinger Prüfverfahren für weniger strenge Umweltziele: Die Prüfkataloge

Kapitel 4 gibt zusammen mit Kapitel 5 einen detaillierten Einblick in die *Göttinger Prüfverfahren* zur Inanspruchnahme von Ausnahmen aufgrund unverhältnismäßig hoher Kosten. Exemplarisch wird in diesen Kapiteln das *Göttinger Prüfverfahren* für den Ausnahmetatbestand „weniger strenge Umweltziele" ausführlich dargestellt.

Für die Entwicklung des *Göttinger Prüfverfahrens für weniger strenge Umweltziele* wurden insbesondere Empfehlungen aus dem *Guidance Document No. 20* (CIS 2009) berücksichtigt. Dieses Dokument fasst viele Erkenntnisse des Policy Papers zu den Artikeln 4.4 – 4.6 aus dem Jahr 2007 (CIS 2007) und des Dokuments der Wasserdirektoren aus dem Jahr 2008 über Ausnahmen und unverhältnismäßige Kosten (Water Directors 2008) zusammen. Weiterhin geben der Richtlinientext und das Wasserhaushaltsgesetz wichtige Anforderungen vor, die mit der Inanspruchnahme abweichender Bewirtschaftungsziele in Zusammenhang stehen. Auch das *Guidance Document No. 1* (WATECO 2003) liefert Hinweise zu den

---

Prüfschritt nicht-wirtschaftlicher Wert werden auch diese gesellschaftlichen Werte berücksichtigt.

[12] Um die Nutzen zu monetarisieren, werden die Ergebnisse vorhandener Bewertungsstudien genutzt und diese Mithilfe eines Benefit-Transfers auf die vorliegende Fragestellung, das Gebiet und Jahr übertragen. Der Vorteil des Benefit-Transfers besteht darin, dass keine eigenen Zahlungsbereitschaftsstudien, die sehr zeitaufwendig und kostenintensiv sind, durchgeführt werden müssen, um den gesellschaftlichen Nutzen der Maßnahme zu bewerten.

bei der Prüfung der Kostenunverhältnismäßigkeit zu beachtenden Anforderungen.

Zusammenhang der Prüfkataloge

Soll geprüft werden, ob unverhältnismäßig hohe Kosten weniger strenge Umweltziele rechtfertigen, so müssen wirtschaftliche Daten und weitere Informationen zu den zur Diskussion stehenden Gewässerschutzmaßnahmen gesammelt und aufbereitet werden. Beim *Göttinger Prüfverfahren für weniger strenge Umweltziele* wurde zu diesem Zweck der Prüfkatalog **Kosten und Nutzen einer Gewässerschutzmaßnahme (Prüfkatalog M – Maßnahme)** entwickelt. Würden die Gewässerschutzmaßnahmen die aktuelle Nutzung der Gewässer so sehr einschränken, dass den ökologischen oder sozioökonomischen Erfordernissen nicht mehr Rechnung getragen wird, dann sind auch wirtschaftliche Daten und weitere Informationen zu Ersatzaktivitäten zur Sicherstellung der ökologischen und sozioökonomischen Erfordernisse zu erheben und aufzubereiten. Im *Göttinger Prüfverfahren für weniger strenge Umweltziele* geschieht dies mit Hilfe des Prüfkatalogs **Kosten und positive Effekte der Ersatzaktivitäten zur Sicherstellung ökologischer und sozioökonomischer Erfordernisse (Prüfkatalog EA – Ersatzaktivitäten)**. Beide Prüfkataloge bestehen aus einzelnen durchzuführenden Prüfschritten, die detailliert beschrieben sind. Nach Durchführung der Prüfungen mit den **Prüfkatalogen M** und **EA** werden die Ergebnisse der Prüfschritte in einer Übersicht im **Prüfkatalog ABZ (Abweichende Bewirtschaftungsziele aufgrund unverhältnismäßig hoher Kosten)** zusammengefasst. Der **Prüfkatalog ABZ** enthält somit alle Informationen, die für die Entscheidung, ob ein abweichendes Bewirtschaftungsziel und damit ein weniger strenges Umweltziel als Ausnahme in Anspruch genommen werden kann, relevant sind. Abbildung 11 zeigt die Struktur des *Göttinger Prüfverfahrens für weniger strenge Umweltziele*.

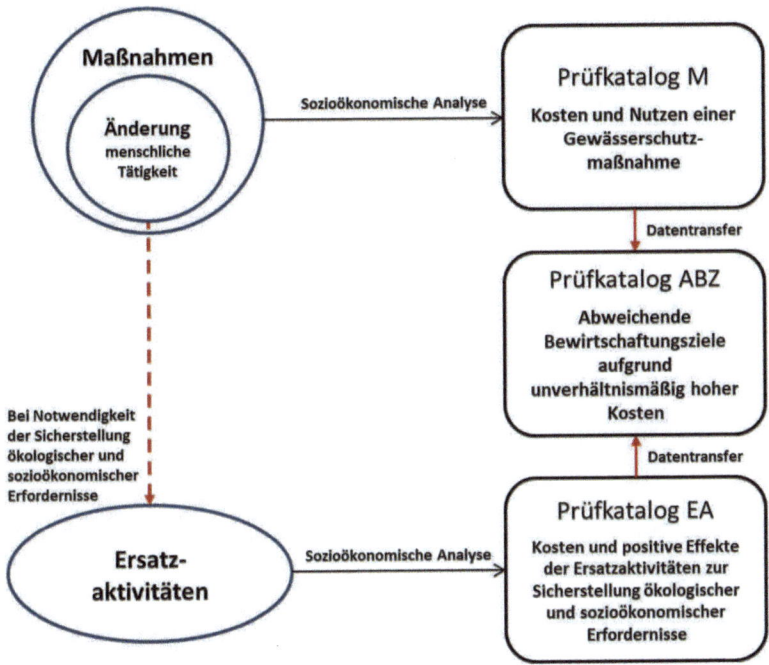

Abbildung 11: Zusammenhang der Prüfkataloge.
Quelle: Eigene Darstellung.

Prüfkatalog Maßnahme

Folgend werden die einzelnen Prüfkataloge beschrieben. Der Ablauf der Prüfung wird im nächsten Kapitel erläutert. Abbildung 12 zeigt die Struktur von **Prüfkatalog M**.

---
1. Betroffene(r) Wasserkörper und geographisches Gebiet
2. Beschreibung der Maßnahme (bei Aufgabe/Einschränkung einer menschlichen Tätigkeit Angabe zu deren Auswirkungen und geplantem Einschränkungsniveau)
3. Signifikante Belastungen
4. Zeithorizont
5. Natürliche Gegebenheiten
6. Regenerationsfähigkeit
7. Theoretische Wirksamkeit
8. Wirksamkeit unter Praxisbedingungen
9. Negative und positive Wirkungen der Maßnahme auf weitere Umweltgüter und Ökosystemleistungen
10. Direkte Maßnahmenkosten
11. Negative wirtschaftliche Effekte der Maßnahme
12. Volkswirtschaftliche Kosten der Maßnahme
13. Positive wirtschaftliche Effekte der Maßnahme
14. Volkswirtschaftliche Nutzen der Maßnahme
15. Finanzielle Belastungen privater Wirtschaftssubjekte
16. Zuständigkeit
17. Koordinierungsverpflichtung
18. Übersicht
19. Zusammenfassung: Kosten und Nutzen

Abbildung 12: Prüfkatalog Maßnahme.
Quelle: Eigene Darstellung.

Zunächst werden in Prüfschritt 1 der *betroffene Wasserkörper* (Prüfung für Oberflächenwasserkörper) und das dazugehörige *geographische Gebiet* der zu prüfenden Maßnahme benannt. Mit Prüfschritt 2 wird die *Maßnahme* detailliert beschrieben. Im nächsten Prüfschritt 3 werden die *signifikanten Belastungen*, denen die Maßnahme entgegenwirken soll, sowie deren räumliche Verortung und das räumliche Gebiet, für das die Maßnahme konzipiert ist, dargestellt. Mit der Benennung des *Zeithorizonts* in Prüfschritt 4 sollen u. a. der mögliche Beginn der Maßnahmenumsetzung und die Dauer der Umsetzung der Maßnahme dargestellt werden. Im Rahmen der natürlichen Gegebenheiten (Prüfschritt 5) sind insbesondere solche zu beschreiben, die die Zielerreichung beeinträchtigen oder begünstigen können. Die Frage nach der Regenerationsfähigkeit (Prüfschritt 6) betrifft zum einen die Möglichkeit, dass der Wasserkörper bis 2027 einen guten Zustand / ein gutes ökologisches Potenzial und einen guten chemischen Zustand erreicht. Zum anderen bezieht sich der Prüfschritt auf weitere signifikante Einflussgrößen auf die Regenerationsfähigkeit (z. B. Hochwasser, Klimawandel, Bauvorhaben). Prüfschritt 7 beschreibt die *theoretische Wirksamkeit* der Maßnahme. Hier sind zunächst bereits bestehende Studien bzw. Fallbeispiele anzugeben, in denen die erwünschte Wirksamkeit der Maßnahme unter Laborbedingungen bzw. kontrollierten Bedingungen belegt wurde. Die für die Maßnahme relevanten Ergebnisse aus der Literatur sind aufzuführen sowie die voraussichtliche Wirksamkeit der Maßnahme zu quantifizieren.

In Prüfschritt 8 folgt die *Wirksamkeit unter Praxisbedingungen*. Der Hintergrund ist, dass theoretische Wirksamkeitsüberlegungen die Wirksamkeit unter Idealbedingungen darstellen, nicht aber den Implementierungsprozess berücksichtigen. Dies bedeutet, dass mögliche Beeinträchtigungen der Wirksamkeit durch den Umsetzungsprozess nicht beachtet werden. Deshalb muss neben der theoretischen Wirksamkeit auch die Wirksamkeit der Maßnahme in der praktischen Anwendung betrachtet werden. Dieser Prüfschritt wird in der englischsprachigen Fachliteratur auch als „compliance and adoption" bezeichnet.

Es gilt:

Wirksamkeit unter Praxisbedingungen	=	Wirksamkeit unter Idealbedingungen + Störungen im Umsetzungsprozess.

Mit derartigen Beeinträchtigungen im Umsetzungsprozess ist insbesondere in zwei Fällen zu rechnen:
(a) wenn mehrere Institutionen an der Umsetzung einer Maßnahme beteiligt sind oder
(b) wenn gesellschaftliche Gruppen ihr Verhalten ändern müssen.

Diese Punkte finden wie folgt im Prüfkatalog Berücksichtigung: Es werden zunächst der Hoheitsbereich der Zuständigkeit (d. h. Bund oder Länder) ermittelt und anschließend die Verantwortlichkeit sowie die Beteiligung von Institutionen geklärt. Anschließend muss anhand der Beantwortung weiterer Fragen dargelegt werden, inwiefern die Maßnahme eine Verhaltensänderung von Gruppen erfordert, wie diese von der Maßnahmenumsetzung betroffen sind und darüber informiert werden sollen.

Prüfschritt 9 thematisiert die *negativen und positiven Wirkungen der Maßnahme auf weitere Umweltgüter und Ökosystemleistungen* (Biodiversität, Meeresgewässer etc.).

In den Prüfschritten 10 bis 12 erfolgt die Analyse der *Kosten der Maßnahme*.

Dabei werden drei unterschiedliche Konzeptionen von Kosten berücksichtigt:

Mit Prüfschritt 10 werden Kosten im Sinne von finanziellen Belastungen durch die Maßnahme erfasst (*direkte Maßnahmenkosten*). Diese können der öffentlichen Hand (Staat), der Wirtschaft oder Privatpersonen, Vereinen und/oder Verbänden entstehen, die mit der Maßnahme befasst oder von dieser betroffen sind. Bei diesen Gruppen wird unterschieden zwischen dem entstehenden *Erfüllungsaufwand* und *weiteren direkten Kosten*. Weitere direkte Kosten können dem Staat z. B. durch entgangene Steuereinnahmen entstehen und Privatpersonen durch Arbeitsplatzverlust oder Gebührenerhöhungen. Bei der Abfrage des Erfüllungsaufwandes für die öffentliche Hand (z. B. Mittel für die Entwicklung/Einführung/Umsetzung/Unterhaltung/Kontrolle der Maßnahmen) und die Wirtschaft (z. B. Verhaltensänderungen, Abgabe- und/oder Informationspflichten) wird – wie es üblich ist – zwischen Personal- und Sachaufwand unterschieden.

In Prüfschritt 11 folgen die *negativen wirtschaftlichen Effekte der Maßnahme*, d. h. die negativen Auswirkungen auf wichtige makroökonomische Kennzahlen als Folgen der direkten Kosten, die sich in Form von Veränderungen von Staatseinnahmen/-ausgaben sowie Änderungen der Bruttowertschöpfung, Beschäftigung und Preise zeigen. Hinsichtlich des Erfüllungsaufwandes müssen die direkten Kosten der Verwaltung dargestellt werden und es wird geprüft, inwiefern es durch die Maßnahme zu einer Erhöhung der Arbeitskapazität der Verwaltung sowie erweitertem Sachaufwand kommt, um auf dieser Grundlage die Erhöhung der Staatsausgaben zu ermitteln. Auch die Folgen der weiteren direkten Kosten der Verwaltung auf die Staatseinnahmen und -ausgaben finden Berücksichtigung. Im Anschluss werden die Änderungen von Bruttowertschöpfung, Beschäftigung und Preisen dargestellt. Hinsichtlich der Bruttowertschöpfung ist anzugeben, inwiefern eine Überwälzung der Kosten durch die Unternehmen möglich ist. Dies wird in der Daten- und Berechnungsgrundlage erläutert. Die Unternehmen können unterschiedlich auf den Erfüllungsaufwand reagieren und die Kosten u. U. auf die Kunden vorüberwälzen (Verkaufspreis) oder auf die Beschäftigten (Löhne) oder auf die Lieferanten (Einkaufspreis) rücküberwälzen. In Bezug auf die Änderung der Beschäftigung muss berücksichtigt werden, inwiefern es zu einer Verlagerung von Arbeitsplätzen innerhalb Deutschlands kommt oder ob Arbeitsplätze vollständig wegfallen bzw. neu entstehen. Abschließend werden an dieser Stelle die Preisänderungen aufgeführt.

Die Bestimmung der *direkten Maßnahmenkosten* (Prüfschritt 10) sowie der *negativen wirtschaftlichen Effekte* der Maßnahmen (Prüfschritt 11) wurde aus dem folgenden Grund in das *Göttinger Prüfverfahren* aufgenommen:

> „Generell ist jede umweltpolitische Maßnahme mit Konfliktpotenzial verbunden, weil sie Ressourcen bindet, die nicht mehr für andere wichtige gesellschaftliche Ziele verwendet werden können. Das Konfliktpotenzial kann zu einer moderaten Kritik führen („die umweltpolitische Zielsetzung ist sinnvoll, aber man kann diese auch zu geringeren Kosten erreichen"). Es kann aber auch zu Fundamentalkritik führen („die angestrebte Umweltverbesserung rechtfertigt nicht diese hohen Kosten"). In jedem Fall sind es aber die direkten Kosten und deren negative Folgen, die Bürger (als

> Unternehmer, als Arbeitnehmer, als Steuerzahler etc.) diese Kritik äußern lassen. Widerstände gegen die Vorhaben der Wasserwirtschaftsverwaltung werden also mit dem Verweis auf Bürokratiekosten, dem Verlust von Arbeitsplätzen, Wachstumshemmnissen etc. begründet. Insbesondere (befürchtete) negative Beschäftigungseffekte sind von großer Bedeutung."
> (Marggraf et al. 2017: 742)

Deshalb wird als negativer gesamtwirtschaftlicher Effekt auch ein Verlust an Arbeitsplätzen ausgewiesen.

> „Die oben erläuterte differenzierte Kostenbetrachtung ermöglicht der Wasserwirtschaftsverwaltung, sich vorausschauend und umfassend über das Konfliktpotenzial zu informieren und ihre Argumentationsbasis für die öffentliche Diskussion zu stärken."
> (Marggraf et al. 2017: 742)

Mit Prüfschritt 12 werden die *volkswirtschaftlichen Kosten der Maßnahme* erfasst. An dieser Stelle geht es um die Folgen der Kosten der Maßnahme. Bei Neueinstellungen oder die durch die Maßnahme entstandenen Sachausgaben in der Verwaltung ist die Zusatzlast der Finanzierung dieser Kosten einzubeziehen. Ferner wird die Abnahme der Einkommen aus Unternehmertätigkeit und Vermögen erfasst, die von der Möglichkeit der Überwälzung des Erfüllungsaufwandes für die Unternehmen abhängt. Die Auswirkungen auf die Änderung der Beschäftigung sind davon abhängig, ob es zu einer Umsiedlung eines Unternehmens innerhalb Deutschlands oder zu Entlassungen kommt. In beiden Fällen werden die mit Arbeitsplatzverlusten verbundenen volkswirtschaftlichen Kostenkomponenten detailliert und umfassend dargestellt. In Bezug auf die Auswirkungen der Preisänderungen werden Elastizitäten berücksichtigt, d. h. es werden mögliche Nachfrageänderungen erfasst, die sich aus den in Prüfschritt 9 erfassten Preisänderungen ergeben. In speziellen Fällen kann es zu weiteren volkswirtschaftlichen Kosten kommen, wie z. B. einer Abnahme der frei verfügbaren Einkommen von Privatpersonen, Vereinen und Verbänden aufgrund nicht freiwilliger Ausgaben oder wenn die Maßnahme (auch) zu negativen Auswirkungen auf die natürliche Umwelt führt.

Prüfschritt 13 thematisiert die *positiven wirtschaftlichen Effekte der Maßnahme*. Hier wird wiederum nach der öffentlichen Hand

(Staat), der Wirtschaft und Privatpersonen, Vereinen und Verbänden differenziert. Auf Basis der Ergebnisse von Prüfschritt 9 (positive Wirkungen) und Prüfschritt 13 werden in Prüfschritt 14 die *volkswirtschaftlichen Nutzen der Maßnahme*[13] ermittelt.

In Prüfschritt 15 wird geprüft, ob die Gewässerschutzmaßnahme für einzelne Gruppen *privater Wirtschaftssubjekte* zu größeren *finanziellen Belastungen* führt. Eventuelle Grenzen der politischen Einflussnahme sind Thema von Prüfschritt 16 (*Zuständigkeit*).

Mit Prüfschritt 17 (*Koordinierungsverpflichtung*) wird untersucht, welche Institutionen wodurch, wie stark und auf welche Art (direkt oder indirekt) betroffen sind (WATECO 2003: 203). Wie in den CIS Dokumenten ausgeführt (z. B. CIS 2009: 13, 15) ist dabei zu beachten, dass Problemlösungen auch außerhalb der Kontrolle und Zuständigkeit eines Mitgliedstaates liegen können.

Die wichtigsten Ergebnisse aus dem Prüfkatalog werden in einer *Übersicht* unter Prüfschritt 18 zusammengefasst. Mit Prüfschritt 19 werden abschließend die *Kosten und Nutzen der Maßnahme* angegeben.

---

[13] Diese setzen sich aus dem wirtschaftlichen und nicht-wirtschaftlichen Wert zusammen.

Prüfkatalog Ersatzaktivität

Die folgende Abbildung 13 zeigt die Struktur des **Prüfkatalogs EA** zur Feststellung der Kosten und positiven Effekte zur Sicherstellung der sozioökonomischen Erfordernisse.

1. Ersatzaktivität: Beschreibung
2. Beschreibung der sozioökonomischen Erfordernisse
3. Zeithorizont
4. Sozioökonomische Zielsetzung
4.1. Theoretische Eignung
4.2. Technische Durchführbarkeit
4.3. Eignung unter Praxisbedingungen
4.4. Zielerreichungsgrad
5. Umweltwirkungen
6. Direkte Kosten
7. Negative wirtschaftliche Effekte
8. Volkswirtschaftliche Kosten
9. Finanzielle Belastungen privater Wirtschaftssubjekte
10. Positive wirtschaftliche Effekte
11. Übersicht
12. Zusammenfassung: Kosten und positive Effekte

Abbildung 13: Prüfkatalog zur Feststellung der Kosten und positiven Effekte zur Sicherstellung der sozioökonomischen Erfordernisse.
Quelle: Eigene Darstellung.

Zunächst wird in Prüfschritt 1 die zu prüfende *Ersatzaktivität* beschrieben. Welchen *ökologischen oder sozioökonomischen Erfordernissen* durch diese Aktivität Rechnung getragen werden soll, wird mit Prüfschritt 2 dokumentiert.

Prüfschritt 3 gibt den möglichen Beginn und die geplante Dauer der Ersatzaktivität an. Die *sozioökonomische Zielsetzung* in Prüfschritt 4 umfasst die grundsätzliche *theoretische und praktische Eignung* der Aktivität zur Sicherstellung der ökologischen und sozioökonomischen Erfordernisse. Daraus resultiert der Zielerreichungsgrad, der durch die Ersatzaktivität erreicht wird. In diesem

Rahmen wird auch die Frage beantwortet, ob den ökologischen und sozioökonomischen Erfordernissen vollumfänglich oder nur zum Teil Rechnung getragen wird. Prüfschritt 5 thematisiert die *Umweltwirkungen der Ersatzaktivität*. Hier ist darzulegen, inwiefern die Ersatzaktivität eine bessere Umweltoption als die aktuelle Gewässernutzung darstellt.

Der **Prüfkatalog EA** kommt bei Aktivitäten zum Einsatz, die von der Wasserwirtschaftsverwaltung als verwendbare Ersatzaktivitäten identifiziert wurden. Eine Aktivität kann nur dann als Ersatzaktivität dienen, wenn sie zumindest einem Teil der ökologischen und sozioökonomischen Erfordernisse Rechnung trägt und wenn sie eine bessere Umweltoption darstellt. Ob beide Bedingungen erfüllt sind, muss in entsprechenden Untersuchungen geklärt werden. An dieser Stelle muss auch eine politische Entscheidung für ein bestimmtes – zum Zeitpunkt der Entscheidung priorisiertes – Ziel getroffen werden. Die Prüfschritte 4 und 5 dokumentieren die Ergebnisse dieser Analysen und Überlegungen in komprimierter Form.

Die Prüfschritte 6 bis 8 entsprechen den Prüfschritten 10 bis 12 des **Prüfkatalogs M** und die Prüfschritte 9 und 10 den Prüfschritten 15 und 13 des **Prüfkatalogs M**. Für die Erläuterung der Prüfschritte 6 bis 10 kann deshalb auf die entsprechenden Ausführungen zum **Prüfkatalog M** verwiesen werden, beziehen sich hier allerdings nicht auf die Maßnahme, sondern die Ersatzaktivität.

Die wichtigsten Ergebnisse aus dem Prüfkatalog werden unter 11 in einer *Übersicht* dargestellt. Im abschließenden Prüfschritt 12 des **Prüfkatalogs EA** werden die *Kosten und positiven Effekte der Ersatzaktivität* zusammengefasst.

Prüfkatalog Abweichende Bewirtschaftungsziele

Nachdem für alle zur Diskussion stehenden Gewässerschutzmaßnahmen und Ersatzaktivitäten ein entsprechender Prüfkatalog ausgefüllt worden ist, werden die Zusammenfassungen der einzelnen Prüfkataloge in den **Prüfkatalog ABZ**, der in Abbildung 14 zu sehen ist, übertragen.

1. Betroffene(r) Wasserkörper und geographisches Gebiet
2. Aktuelle Situation
für jede Maßnahme:
3. Beschreibung Maßnahme
4. Volkswirtschaftliche Kosten Maßnahme
5. Volkswirtschaftliche Nutzen Maßnahme
für jede Ersatzaktivität:
6. Beschreibung der Ersatzaktivität
7. Volkswirtschaftliche Kosten Ersatzaktivität
8. Positive Effekte Ersatzaktivität
9. Abschätzung des abweichenden Bewirtschaftungszieles
10. Einhaltung des Verschlechterungsverbotes
11. Auswirkungen auf andere Wasserkörper

Abbildung 14: Prüfkatalog für abweichende Bewirtschaftungsziele wegen unverhältnismäßig hoher Kosten.
Quelle: Eigene Darstellung.

Dieser Prüfkatalog enthält außerdem drei zusätzliche, abschließende Prüfschritte.

Zum einen (Prüfschritt 9) ist anzugeben, welches *abweichende Bewirtschaftungsziel abgeschätzt* wird. Weiter (Prüfschritt 10) ist darzulegen, dass das *Verschlechterungsverbot* eingehalten wird und schließlich (Prüfschritt 11) ist zu belegen, dass sichergestellt ist, dass als Folge des angestrebten abweichenden Bewirtschaftungsziels keine Effekte auftreten können, die die Realisierung der

Umweltziele in anderen Wasserkörpern derselben Flussgebietseinheit gefährden.

Der Übersichtlichkeit halber sind in diesem Kapitel die Prüfkataloge M und EA lediglich in ihrer „Grobstruktur" beschrieben worden. Eine detaillierte Darstellung der **Prüfkataloge M** und **EA** findet sich im Anhang.

5. Das Göttinger Prüfverfahren für weniger strenge Umweltziele: Zum Ablauf der Prüfung

Anforderungen der WRRL

Nach der WRRL müssen zwei Bedingungen erfüllt sein, wenn unverhältnismäßig hohe Kosten den Ausnahmetatbestand der weniger strengen Umweltziele rechtfertigen. Zum einen müssen die Kosten der Erreichung der Umweltziele (die in Art. 4 Abs. 1 WRRL festgelegt sind) unverhältnismäßig hoch sein (Bedingung 1) und zum anderen müssen die Kosten der eventuell erforderlichen Ersatzaktivitäten unverhältnismäßig hoch sein (Bedingung 2).

In Art. 4 Abs. 5 WRRL sind des Weiteren (implizit) drei Bedingungen enthalten, die erfüllt sein müssen, damit eine bestimmte Abweichung von den Umweltzielen gerechtfertigt ist. Zum einen darf es keine Möglichkeit mehr geben, diese Abweichung durch Gewässerschutzmaßnahmen, deren Kosten nicht unverhältnismäßig sind, zu verringern (Bedingung 3). Die gewählte Abweichung darf zum anderen nicht dazu führen, dass es zu einer Verschlechterung des Zustands des betreffenden Wasserkörpers kommt (Bedingung 4). Und schließlich darf durch die gewählte Abweichung nicht eine Verwirklichung der Bewirtschaftungsziele in anderen Wasserkörpern derselben Flussgebietseinheit dauerhaft ausgeschlossen oder gefährdet werden (Bedingung 5).

Das *Göttinger Prüfverfahren für weniger strenge Umweltziele* ermöglicht es, alle fünf genannten Bedingungen zu überprüfen. Es beantwortet also nicht nur die Frage, ob unverhältnismäßig hohe Kosten eine Abweichung bei den Umweltzielen rechtfertigen. Mit dem Prüfverfahren kann auch ermittelt werden, in welchem Ausmaß die Abweichung von den Umweltzielen gerechtfertigt ist.

Der Verfahrensablauf ist durch die jeweiligen Gegebenheiten der Ausgangslage bestimmt, in der sich für die Wasserwirtschaftsverwaltung die Frage nach der Inanspruchnahme weniger strenger Umweltziele stellt. Von Bedeutung ist insbesondere, ob Gewässerschutzmaßnahmen zur Erreichung der Umweltziele durch Ersatzaktivitäten ergänzt werden müssen. Im Folgenden wird deshalb der Verfahrensablauf in zwei Szenarien beschrieben, die sich in eben diesem Aspekt – der Erforderlichkeit von Ersatzaktivitäten – unterscheiden.

Verfahrensablauf ohne Ersatzaktivität (Szenario A)

Angenommen die Wasserwirtschaftsverwaltung kenne zwei Möglichkeiten, um in einem Wasserkörper die Umweltziele zu erreichen. Entweder durch den Einsatz einer Maßnahmenkombination, die sich aus drei unterschiedlichen Gewässerschutzmaßnahmen zusammensetzt (Maßnahmenkombination I) oder durch den Einsatz einer weiteren Maßnahmenkombination, die ebenfalls aus drei Gewässerschutzmaßnahmen besteht (Maßnahmenkombination II).

Keine der sechs Maßnahmen beeinträchtigt die Wassernutzungen in der Weise, dass ökologische und sozioökonomischen Erfordernisse nicht mehr erfüllt sind. Keine Maßnahmenkombination muss also durch Ersatzaktivitäten ergänzt werde.

Sowohl die Maßnahmenkombination I als auch die Maßnahmenkombination II ist mit so hohen Kosten verbunden, dass die Wasserwirtschaftsverwaltung prüfen möchte, ob sie den Ausnahmetatbestand weniger strenger Umweltziele in Anspruch nehmen kann.

In einem solchen Szenario ist nach dem *Göttinger Prüfverfahren* in einem ersten Schritt für jede der sechs Maßnahmen zu prüfen, ob es gerechtfertigt ist, von einer Unverhältnismäßigkeit der Kosten zu sprechen. Der im vorigen Kapitel beschriebene **Prüfkatalog M** ist also sechsmal zu bearbeiten und auszuwerten. Nach Auswertung der ausgefüllten Prüfkataloge ist in einem zweiten Schritt zu entscheiden, welche der folgenden vier Alternativen vorliegt:

a. Für beide Maßnahmenkombinationen gilt, dass bei jeder der drei Maßnahmen die Kosten als unverhältnismäßig hoch erachtet werden.
b. Nur bei einer der beiden Maßnahmenkombinationen werden die Kosten aller drei Maßnahmen als jeweils unverhältnismäßig hoch erachtet, bei der anderen Maßnahmenkombination werden lediglich die Kosten von einer Maßnahme oder von zwei Maßnahmen als unverhältnismäßig hoch erachtet.
c. Bei beiden Maßnahmenkombinationen werden lediglich die Kosten von einer Maßnahme oder von zwei Maßnahmen als unverhältnismäßig hoch beurteilt.
d. Bei keiner der beiden Maßnahmenkombination werden die einzelnen Maßnahmenkosten als unverhältnismäßig hoch erachtet.

In Szenario A sind Ersatzaktivitäten nicht erforderlich. Deshalb ist die Bedingung 2 hier irrelevant. Betrachtet man die vier Alternativen a. – d. unter der Perspektive der vier am Anfang dieses Kapitels genannten Bedingungen 1, 3, 4 und 5, so ergeben sich folgende Feststellungen:

Ist a. gegeben, so kann der Ausnahmetatbestand weniger strenger Umweltziele unmittelbar in Anspruch genommen werden. Die aktuelle Situation muss nicht verbessert werden. Es ist jedoch Sorge dafür zu tragen, dass keine Verschlechterung eintritt und dass keine negativen Auswirkungen für die anderen Gewässer derselben Flussgebietseinheit auftreten.

Im Fall von b. sind die Maßnahmen, deren Kosten als nicht unverhältnismäßig hoch erachtet/beurteilt werden, umzusetzen. Die Umweltziele, die dann erreicht werden, stellen eine zulässige Abweichung von den in Art. 4 Abs. 1 WRRL angeführten Umweltzielen dar, wenn das Verschlechterungsverbot eingehalten wird und wenn es zu keinen signifikanten negativen Effekten kommt, die die Realisierung der Umweltziele in anderen Wasserkörpern derselben Flussgebietseinheit gefährden.

Bei Vorliegen von c. ist zu überprüfen, bei welcher der beiden Maßnahmenkombinationen die Realisierung der Maßnahmen mit nicht unverhältnismäßigen Kosten zu einer geringeren Abweichung bei den Umweltzielen führt. Dann ist so zu verfahren wie im Fall von b. und die entsprechenden Maßnahmen einer Kombination umzusetzen.

Ist d. gegeben, so kann der Ausnahmetatbestand weniger strenger Umweltziele nicht in Anspruch genommen werden. Eine der beiden Maßnahmenkombinationen muss umgesetzt und die Umweltziele aus Art. 4 Abs. 1 WRRL müssen angestrebt werden.

Das *Göttinger Prüfverfahren für weniger strenge Umweltziele* liefert der Wasserwirtschaftsverwaltung somit die Informationen, die benötigt werden, um zu entscheiden, ob eine Abweichung und wenn ja welche Abweichung bei den Umweltzielen gerechtfertigt ist.

Verfahrensablauf mit Ersatzaktivität (Szenario B)

Für das zweite Szenario sei angenommen, dass sowohl die Realisierung der Maßnahmenkombination I als auch die Realisierung der Maßnahmenkombination II dazu führt, dass die Wassernutzungen so eingeschränkt werden, dass sie den ökologischen und sozioökonomischen Erfordernissen nicht mehr Rechnung tragen können. Zusätzlich zu den Gewässerschutzmaßnahmen sind deshalb Ersatzaktivitäten durchzuführen. Im Falle der Maßnahmenkombination I kommen aus Sicht der Wasserwirtschaftsverwaltung zwei Aktivitäten als mögliche Ersatzaktivitäten in Frage, das gleiche gilt im Fall der Maßnahmenkombination II. Jede der vier Aktivitäten erfüllt die jeweiligen ökologischen und sozioökonomischen Erfordernisse und stellt eine bessere Umweltoption dar.

In diesem Szenario ist nach dem *Göttinger Prüfverfahren für weniger strenge Umweltziele* in einem ersten Schritt für jede der vier möglichen Ersatzaktivitäten zu überprüfen, ob es gerechtfertigt ist, von einer Unverhältnismäßigkeit der Kosten auszugehen. Der im vorigen Kapitel beschriebene **Prüfkatalog EA** ist also viermal zu befüllen und auszuwerten. Nach der Auswertung ist in einem zweiten Schritt zu entscheiden, welche der beiden folgenden Alternativen vorliegt:

i. Bei mindestens einer der möglichen Ersatzaktivitäten werden die Kosten als nicht unverhältnismäßig hoch erachtet/beurteilt.

ii. Bei jeder der möglichen Ersatzaktivitäten werden die Kosten als unverhältnismäßig hoch erachtet/beurteilt.

Liegt i. vor, so ist die am Anfang des Kapitels aufgeführte Bedingung 2 verletzt. Der Ausnahmetatbestand weniger strenge Umweltziele kann nicht in Anspruch genommen werden. Weitere Prüfschritte sind nicht erforderlich.

Im Fall von ii. werden die Ergebnisse der Prüfung der Ersatzaktivitäten mit den Ergebnissen der Maßnahmen aus den **Prüfkatalogen M** verknüpft und es ist dann zu entscheiden, welche der vier o. a. Alternativen a. – d. vorliegt.

Jetzt gilt für die verschiedenen möglichen Konstellationen:

> Ist a. (zusammen mit ii.) gegeben, so kann der Ausnahmetatbestand weniger strenger Umweltziele unmittelbar in Anspruch genommen werden.
> Die aktuelle Situation muss nicht verbessert werden, es ist jedoch Sorge dafür zu tragen, dass keine Verschlechterung eintritt und dass es zu keinen signifikanten negativen Effekten kommt, die die Realisierung der Umweltziele in anderen Wasserkörpern derselben Flussgebietseinheit gefährden.

> Ist b. (zusammen mit ii.) gegeben, so sind die Maßnahmen, deren Kosten als nicht unverhältnismäßig hoch eingeschätzt werden, umzusetzen. Die Umweltziele, die dann erreicht werden, stellen eine zulässige Abweichung von den in Art. 4 Abs. 1 WRRL genannten Umweltzielen dar, wenn das Verschlechterungsverbot eingehalten wird und keine signifikanten negativen externen Effekte auftreten.

> Trifft c. (zusammen mit ii.) zu, so ist zu überprüfen, bei welcher Maßnahmenkombination die Realisierung der Maßnahmen zu einer geringeren Abweichung bei den Umweltzielen führt. Dann ist so zu verfahren wie im vorigen Fall.

> Ist d. (zusammen mit ii.) gegeben, so muss eine der Maßnahmenkombinationen zusammen mit einer Ersatzaktivität umgesetzt werden. Der Ausnahmetatbestand weniger strenger Umweltziele kann nicht in Anspruch genommen werden. Die in Art. 4 Abs. 1 WRRL genannten Ziele müssen angestrebt werden.

Auch in Szenario B liefert das *Göttinger Prüfverfahren für weniger strenge Umweltziele* die Informationen, die die Wasserwirtschaftsverwaltung benötigt, um zu erkennen, ob der Ausnahmetatbestand weniger strenge Umweltziele in Anspruch genommen werden kann, und wenn dies der Fall ist, welche Abweichung von den in Art. 4 Abs. 1 WRRL genannten Umweltzielen gerechtfertigt ist.

Fazit

Nach Durchführung der Prüfungen werden die wichtigsten Prüfschritte und ihre Ergebnisse in den **Prüfkatalog ABZ** übertragen. In diesem Prüfkatalog sind somit die Grundlagen zur Entscheidung der Wasserwirtschaftsverwaltung für (oder gegen) die Inanspruchnahme des Ausnahmetatbestandes weniger strenge Umweltziele zusammengefasst. Er dokumentiert transparent und nachvollziehbar, auf welchen Überlegungen die Entscheidung basiert. Hat die Wasserwirtschaftsverwaltung entschieden, den Ausnahmetatbestand weniger strenger Umweltziele in Anspruch zu nehmen, so bildet der **Prüfkatalog ABZ** die Basis für die Bewirtschaftungsplanung und den Bericht an die EU.

Gemäß der WFD CIS Guidance Dokumente (WATECO 2003: 193 und CIS 2009: 13) ist die Feststellung, ob Kosten unverhältnismäßig sind oder nicht, eine politische und auf ökonomischen Informationen basierende Entscheidung zur Inanspruchnahme einer Ausnahme. So heißt es auch im Paper zum Treffen der Wasserdirektoren (16.-17. Juni 2008 in Brdo, Slowenien) zur Auslegung von unverhältnismäßig hohen Kosten: „Im WATECO-Leitfaden wurde vereinbart, dass ‚Unverhältnismäßigkeit' eine politische, auf wirtschaftliche Informationen gestützte Beurteilung ist, und dass eine Kosten-Nutzen-Analyse von Maßnahmen notwendig ist, um zu einer Entscheidung über Ausnahmen zu gelangen. Diese Ansicht wurde in dem Strategiepapier des Jahres 2007 noch einmal bekräftigt."

Im Einklang mit diesen Ausführungen konzentrieren sich die *Göttinger Prüfverfahren* darauf, die entscheidungsrelevanten Informationen vollständig zu erfassen und zu strukturieren. Sie geben an keiner Stelle eine Unverhältnismäßigkeitsschwelle vor. Die Entscheidungsautonomie der Wasserwirtschaftsverwaltung bezüglich der Feststellung, ob Kosten als unverhältnismäßig anzusehen sind oder nicht, ist somit gewahrt.

Im *Göttinger Prüfverfahren für weniger strenge Umweltziele* werden alle entscheidungsrelevanten Informationen – sowohl ökologische Auswirkungen wie Stoffströme als auch ökonomische Auswirkungen – ermittelt und ermöglichen somit eine flussgebietsweite ökonomische Bewertung. Diese berücksichtigt sämtliche Kosten und Nutzen des zu betrachtenden Raumes und macht die Verteilung der Kosten und Nutzen transparent. Auf dieser Grundlage kann das *Prüfverfahren für weniger strenge Umweltziele* im Rahmen einer flussgebietsweiten Bewirtschaftung gemäß der WRRL bei der Festlegung von Maßnahmen, wie auch bei der Inanspruchnahme abweichender Bewirtschaftungsziele aufgrund unverhältnismäßig hoher Kosten für die Wasserwirtschaftsverwaltung und Politik als fachliche Entscheidungshilfe(/-vorlage) dienen. Das Verfahren ist somit einsatzfähig, um Auswirkungs- und Verhältnismäßigkeitsanalysen für verschiedenste Maßnahmen in einem Flussgebiet durchzuführen.

Im Rahmen der Durchführung der Prüfungen gilt es allerdings, einige Herausforderungen zu bewältigen. Zur Quantifizierung und Monetarisierung von Kosten und Nutzen müssen mit der Erarbeitung der fachlichen Grundlagen auch die wesentlichen Parameter und Annahmen festgelegt werden. Da in einigen Fällen Maßnahmen zu bewerten sind, die noch nicht umgesetzt wurden, fehlen hierbei unter Umständen Informationen und Erfahrungen sowohl zu den Kosten wie dem Aufwand in der öffentlichen Verwaltung oder in der Wirtschaft – wenn diese an der Durchführung beteiligt oder davon betroffen ist – als auch zu den ökologischen Wirkungen und damit den Nutzen. In diesen Fällen beruhen die Bewertungen auf zu treffenden Annahmen und Schätzungen von Zahlen, die Scheingenauigkeiten bei der Interpretation der Ergebnisse hervorrufen könnten. Aus diesem Grund ist es wichtig, dass die zugrunde gelegten Annahmen der Bewertungen bei der Anwendung der Ergebnisse berücksichtigt werden. Bei der Interpretation der Ergebnisse sind außerdem der betrachtete Zeithorizont bzw. die Projektdauer und das Referenzjahr für die Diskontierung und die verwendete Diskontrate zu beachten. Die Höhe der Kosten und insbesondere der aufaddierten Nutzen sind auch wesentlich von der Länge des betrachteten Zeitraumes und der Lage und Größe des Betrachtungsraumes abhängig.

Die Erfahrungen aus den sozioökonomischen Bewertungen von MSRL-Maßnahmen haben ebenfalls gezeigt, dass sich der Einbezug von Stakeholdern im Rahmen von Datenerhebungsterminen

u. a. hinsichtlich der Ausgestaltung und Umsetzung der Maßnahmen als vorteilhaft erwiesen hat. Wie bei Runden Tischen werden die verschiedenen Perspektiven der und die Auswirkungen auf die Stakeholder in Betracht gezogen. Dies führt zu mehr Akzeptanz bei der Umsetzung von Maßnahmen und einer soliden Argumentationsgrundlage gegenüber Kritikern.

6. Anwendungsfall – Trinkwasserentnahmestopp als hypothetische Maßnahme

Der vorgestellte **Prüfkatalog M** – Kosten und Nutzen einer Gewässerschutzmaßnahme wurde im Folgenden in einer Entscheidungssituation in der Praxis angewendet. Hier war die Prüfung der Verhältnismäßigkeit der Maßnahme Bestandteil der Prüfung, ob für den Wasserkörper Halsebach in Niedersachsen Voraussetzungen für weniger strenge Bewirtschaftungsziele aufgrund der Unverhältnismäßigkeit von Kosten im Sinne der europäischen Wasserrahmenrichtlinie vorliegen. Dafür wurde das hypothetische Szenario des Trinkwasserentnahmestopps aus einem mit dem Halsebach in Verbindung stehenden Grundwasserkörper gewählt, da die Trinkwasserentnahme die Erreichung der Ziele der WRRL am Wasserkörper elementar verhindert.

Vorweg sei darauf hingewiesen, dass die Maßnahme komplexer ist als die durchschnittliche, zu bewertende Maßnahme. Grund hierfür ist, dass es sich unter anderem um eine Maßnahme mit länderübergreifenden Folgen handelt. Involviert sind zudem zahlreiche Stakeholder und die Maßnahme betrifft die Trinkwasserversorgung als Daseinsvorsorge. Die Anwendung des Prüfkatalogs eignet sich für diese Maßnahme dennoch, ebenso für die Darlegung der Verhältnismäßigkeit oder Unverhältnismäßigkeit der weiteren Maßnahmen zur Erreichung der Ziele der WRRL.

Die WRRL schreibt für alle Oberflächenwasserkörper die Erreichung des guten Zustands bzw. für „künstlich oder erheblich veränderte Wasserkörper" die Erreichung des guten Potenzials bis spätestens 2027 vor (Art. 4.1 Art. 4.4 WRRL). Der Wasserkörper „22042 Halsebach" ist nach Art. 4.4 WRRL als stark verändert eingestuft. Er wurde bei der Bewertung nach WRRL als Wasserkörper in einem guten chemischen Zustand und mit einem schlechten ökologischen Potenzial ausgewiesen. Als signifikante Belastungen werden Einträge aus diffusen Quellen, Abflussregulierungen, eine defizitäre Wasserführung und morphologische Veränderungen genannt (NLWKN 2012).

Neben baulichen Veränderungen wird als hauptsächliche Ursache für das schlechte ökologische Potenzial des Wasserkörpers Halsebach eine Grundwasserspiegelabsenkung angeführt. Diese Grundwasserspiegelabsenkung resultiert maßgeblich aus der Entnahme von Grundwasser zur Trinkwassergewinnung am Wasserwerk (WW) Panzenberg (Trinkwasserverband Verden 2015: 20, Trinkwasserverband Verden 2016, Trinkwasserverband Verden 2013: 79). Im hydrogeologischen Gutachten werden als weitere Einflussgrößen auf den Grundwasserspiegelhaushalt Grundwasserentnahmen anderer umliegender Trinkwasserwerke (WW Langenberg, WW Brunnenweg der Stadt Verden) und Entnahmen für die landwirtschaftliche und gewerbliche Nutzung genannt (Trinkwasserverband Verden 2013: 61). Das südöstlich des FFH-Gebietes „Poggenmoor" liegende WW Panzenberg wird vom Trinkwasserverband (TV) Verden betrieben. Mittels sieben Brunnen werden jährlich durchschnittlich bis zu 8,91 Mio. m^3 Grundwasser gefördert (arithmetisches Mittel der Jahre 2002 – 2011, siehe Homepage TV Verden 2017, Trinkwasserverband Verden 2013: 76). Die Brunnen sind in Fördertiefen von 200 bis 275 m in der „Rotenburger Rinne", einer elsterzeitlichen Schmelzwasserrinne, in gut durchlässigen Sanden verfiltert (Trinkwasserverband Verden 2016: 5). Im oberen Bereich des geologischen Profils sind lokal tonhaltige Stauschichten vorhanden, die das oberflächennahe Grundwasser von den mittleren und unteren Abschnitten des Hauptgrundwasserleiters trennen. An Stellen, an denen keine Tonschichten ausgebildet sind, versickert das oberflächennahe Grundwasser durch die Trinkwasserförderung in den Untergrund und hat eine Grundwasserspiegelabsenkung von bis zu 9,5 m zur Folge (Trinkwasserverband Verden 2016: 8, Becker & Wittig 2000: 114, Trinkwasserverband Verden 2013: 79).

Das im WW Panzenberg geförderte Grundwasser dient vor allem der Versorgung der Stadt Bremen mit Trinkwasser. Außerdem wird durch das WW Panzenberg in Kombination mit dem WW Langenberg die Versorgung der Gemeinden Kirchlinteln, Dörverden, der Samtgemeinden Thedinghausen und Eystrup sowie des Fleckens Langwedel sichergestellt (Trinkwasserverband Verden 2015: 4).

Mit der gelieferten Wassermenge von ca. 8,75 Mio. m^3/Jahr deckt die Stadt Bremen 27 % ihres Trinkwasserverbrauchs ab (Homepage TV Verden 2017, Bremische Bürgerschaft 2015: 3).

> Laut § 50 (2) WHG ist „[der] Wasserbedarf der öffentlichen Wasserversorgung [...] vorrangig aus ortsnahen Wasservorkommen zu decken, soweit überwiegende Gründe des Wohls der Allgemeinheit dem nicht entgegenstehen." Dieses ist mit der Wasserversorgung aus dem LK Verden nach Bremen erfüllt.

Der TV Verden hatte zunächst, auf Grundlage der für das WW Panzenberg ausgestellten Bewilligung zur Trink- und Brauchwasserversorgung der Bezirksregierung Lüneburg der Außenstelle Stade, Grundwasser in Höhe von bis zu 10 Mio. m^3/Jahr gefördert. Seit Auslaufen der Bewilligung besteht eine Übergangserlaubnis des Landkreises Verden zur Sicherstellung der öffentlichen Wasserversorgung. Ein neuer Antrag auf Bewilligung der weiteren Trinkwasserförderung ist gestellt. Dem Landkreis Verden als Untere Wasserbehörde obliegt die Entscheidung über die Bewilligung oder Ablehnung des Antrags des TV Verden. Bei der Entscheidung müssen die Vorgaben der im Jahr 2000 in Kraft getretenen WRRL beachtet werden. Die Wasserentnahme verhindert das Erreichen des guten ökologischen Potenzials. Dieses stellt einen Verstoß gegen das Verbesserungsgebot für den Wasserkörper „22042 Halsebach" dar und macht die Prüfung zur Inanspruchnahme abweichender Bewirtschaftungsziele erforderlich.

Im Folgenden wird der ausgefüllte Prüfkatalog zur Feststellung der (Un-)Verhältnismäßigkeit der Aufgabe der anhaltenden menschlichen Tätigkeit der Trinkwasserentnahme des Wasserwerkes Panzenberg im Landkreis Verden für die Erreichung der Umweltziele der WRRL dargestellt. Anschließend folgt eine Zusammenfassung der wichtigsten Ergebnisse.

Die Datenerfassung und -analyse erfolgte auf der Basis von Literaturanalysen sowie folgender Expertenauskünfte:

- Mündliche und schriftliche Angaben des TV Verden
- Mündliche Angaben NGOs (Bürgerinitiative und lokale Umweltverbände)
- Mündliche und schriftliche Angaben des LK Verden
- Mündliche Angaben des NLWKN Verden
- Mündliche und schriftliche Angaben des Niedersächsischen Ministeriums für Umwelt, Energie und Klimaschutz (MU)

Der tatsächliche Zeitaufwand, der für das Ausfüllen des Prüfkatalogs für den Trinkwasserentnahmestopp entstanden ist, lässt sich nur schwer schätzen. Erfahrungen aus der Maßnahmenbewertung im Rahmen der Meeresstrategie-Rahmenrichtlinie (MSRL) belegen, dass für die Befüllung des MSRL-Prüfschemas zur Darstellung der Kostenwirksamkeit der Maßnahme sowie Durchführung einer Folgenabschätzung inklusive Kosten-Nutzen-Analyse, je nach Komplexität der Maßnahme, ein bis drei Treffen der Maßnahmen-Verantwortlichen mit der webod.gbr erforderlich sind. In der Regel haben die zuständigen Expertinnen/Experten sämtliche benötigten Informationen bereits vorliegen. Diese werden durch den Prüfkatalog in Zusammenhang gebracht und für einen transparenten Nachweis der Kosteneffizienz schriftlich zusammengeführt.

Tabelle 2: Prüfung zur Feststellung der Verhältnismäßigkeit der hypothetischen Maßnahme Trinkwasserentnahmestopp.

1. Betroffener Wasserkörper und geographisches Gebiet	
1. Nennen Sie bitte die Wasserkörper und das geographisch betroffene Gebiet, für die die Prüfung zur Inanspruchnahme abweichender Bewirtschaftungsziele durchgeführt wird.	Die Prüfung erfolgt für den Wasserkörper „22042 Halsebach".
2. Beschreibung der Maßnahme	
2.1 Bitte beschreiben Sie die Maßnahme, die im Prozess der Maßnahmenauswahl bereits als technisch durchführbar eingestuft wurde.	– Die Maßnahme ist der „Trinkwasserentnahmestopp", d. h. die Einstellung der Trinkwasserförderung im Wasserwerk (WW) Panzenberg durch den Trinkwasserverband Verden. – Der „Trinkwasserentnahmestopp" ermöglicht eine dauerhafte und durchgängige Wasserführung des Wasserkörpers „22042 Halsebach" durch die erneute Verbindung zum Grundwasser. – Die Einstellung der Trinkwasserentnahme ist Grundvoraussetzung zur Erreichung des guten Potenzials in dem Wasserkörper „22042 Halsebach" (wofür weitere Maßnahmen erforderlich sind).
2.2 Bitte beschreiben Sie die Wassernutzung, die aufgegeben oder eingeschränkt werden soll.	Die Wassernutzung ist die Trinkwasserentnahme, d. h. die Trinkwasserförderung im WW Panzenberg durch den Trinkwasserverband Verden. Hierdurch erfolgt die Trinkwasserversorgung von Bremen mit durchschnittlich 8,75 Mio. m^3/Jahr. Mit dieser Menge wird die Trinkwasserversorgung in Bremen zu 27 % sichergestellt.

a) Nennen Sie bitte die Wassernutzer und die Auswirkungen der Wassernutzung auf das Gewässer.	Der Wassernutzer ist die öffentliche Wasserversorgung. Konkret ist es der Trinkwasserverband Verden, der die Trinkwasserförderung im WW Panzenberg vornimmt. Es kommt zu einem temporären Austrocknen des Wasserkörpers „22042 Halsebach" auf einem Teil des Bachlaufs aufgrund der Grundwasserentnahme.
b) Handelt es sich um eine bereits beendete (historische) Wassernutzung?	Nein, es handelt sich um eine anhaltende Wassernutzung.
c) Schätzen Sie bitte den prozentualen Anteil der Wassernutzung an der Gesamtbelastung – sofern es weitere Belastungen gibt.	Der durch die Trinkwasserförderung resultierende Grundwasserabsenkungstrichter mit über 20 cm und mehr umfasst ein Gebiet von ca. 20.000 (WW Panzenberg) bis 26.000 ha (WW Panzenberg und WW Langenberg) bzw. 25.450 ha (für WW Panzenberg und WW Langenberg teilweise überschneidend). Die Gesamtfläche des Absenkungstrichters wird anteilig auch durch andere Wasserentnahmen hervorgerufen. Der prozentuale Anteil der Trinkwasserförderung durch das WW Panzenberg an der Gesamtbelastung lässt sich nicht abschätzen.
d) Auf welcher rechtlichen Grundlage oder Daseinsvorsorge – falls zutreffend – beruht die menschliche Tätigkeit?	In Bezug auf die Wasserversorgung ist im Gesetz zur Ordnung des Wasserhaushalts (Wasserhaushaltsgesetz – WHG) folgendes festgelegt: § 50 WHG Öffentliche Wasserversorgung (1) Die der Allgemeinheit dienende Wasserversorgung (öffentliche Wasserversorgung) ist eine Aufgabe der Daseinsvorsorge. Somit beruht die Trinkwasserförderung auf der rechtlichen Grundlage des § 50 (1) WHG und dient zugleich der Daseinsvorsorge.

e) Bitte nennen Sie die betroffenen Qualitätskomponenten und ihre Ist-Werte.	Die betroffenen Qualitätskomponenten der menschlichen Tätigkeit sind: − Hydromorphologische Qualitätskomponenten: Hydrologie (Abflussregulierung) ➢ Starke Abflussveränderungen, Geringe bis keine Wasserführung, in Abschnitten kein Grundwasseranschluss, temporäres Austrocknen Der chemische Gesamtzustand ist als gut eingestuft. Der ökologische Gesamtzustand ist als schlecht eingestuft. Folgende Qualitätskomponenten führen hierzu: − Fische: schlecht − Makrozoobenthos (Gesamt): schlecht − Degradation: schlecht − Saprobie: mäßig − Makrophyten: schlecht
f) In welchem Ausmaß soll die Wassernutzung eingeschränkt werden?	Die Einschränkung der Trinkwasserförderung muss auf eine Fördermenge, die kleiner als 0,8 Mio. m^3/Jahr ist, erfolgen, damit der betroffene Wasserkörper wieder ausreichend Wasser führt.
3. Signifikante Belastungen	
3.1 Was sind die signifikanten Belastungen auf die Gewässer, denen die Maßnahme entgegenwirken soll?	Die signifikanten Belastungen sind: − Starke Abflussveränderungen − Temporäres Austrocknen des Wasserkörpers „22042 Halsebach" aufgrund der Trinkwasserentnahme

3.2 Auf welcher räumlichen Skala wirken die signifikanten Belastungen (z. B. Wasserkörper, Flusseinzugsgebiet)?	Die signifikanten Belastungen wirken insbesondere auf den Wasserkörper „22042 Halsebach".
3.3 Auf welcher räumlichen Skala wird die Wirksamkeit der Maßnahme einbezogen?	Die Maßnahme ist für den Wasserkörper „22042 Halsebach" und weitere betroffene Bereiche im Grundwasserabsenkungsbereich konzipiert.
4. Zeithorizont	
4. Ab welchem Zeitpunkt und/oder in welchem Zeitraum kann die Maßnahme voraussichtlich umgesetzt werden?	Zum Zeitpunkt der Prüfung wurde von einem möglichen Maßnahmenbeginn ab Ende 2018 ausgegangen. Die Maßnahme soll über einen Zeitraum von 30 Jahren umgesetzt werden.
5. Natürliche Gegebenheiten	
5.1 Gibt es zusätzlich natürliche Gegebenheiten, die eine Zielerreichung verhindern/beeinträchtigen? *Wenn nein, weiter bei Punkt 6*	Nein. Abgesehen von bestimmten Tonschichten, die die Versickerung des Wassers verlangsamen können (vernachlässigbar), liegen nur anthropogene Einflüsse vor.
5.2 Schätzen Sie bitte den prozentualen Anteil der Auswirkungen der natürlichen Gegebenheiten an der Gesamtbelastung.	Nicht relevant.
5.3 Verstärken sich die Effekte der menschlichen Tätigkeit und der natürlichen Gegebenheiten auf den Gewässerzustand? Wenn ja, welche Qualitätskomponenten sind von dem Effekt der Verstärkung betroffen?	Nicht relevant.

6. Regenerationsfähigkeit	
6.1 Könnte bei Aufgabe oder Einschränkung der Wassernutzung aufgrund von ausreichender natürlicher Regenerationsfähigkeit und/oder in Kombination mit ergänzenden Maßnahmen der gute ökologische Zustand/Potenzial im Wasserkörper bis 2027 erreicht werden?	Hinsichtlich der Wasserführung ja, da sich mit Aufgabe der Trinkwasserförderung der Beharrungszustand (Gleichgewicht) nach 2 bis 5 Jahren einstellen würde. Das gute ökologische Potenzial kann jedoch nur mit einer Reihe von weiteren Maßnahmen wie beispielsweise der Anpassung der Unterhaltung oder Strukturverbesserungen erreicht werden.
6.2 Welche weiteren signifikanten Einflussgrößen auf die Regenerationsfähigkeit gibt es (z. B. Hochwassergebiet, Klimawandel, Bauvorhaben etc.)?	Klimatische Veränderungen haben einen Einfluss auf den Landschaftswasserhaushalt im gesamten Gebiet über der Rinnenstruktur; der Anteil an der Gesamtbelastung ist jedoch nicht einschätzbar.
7. Theoretische Wirksamkeit	
7.1 Bitte führen Sie zentrale und ggf. auf Deutschland übertragbare wissenschaftliche Studien, dokumentierte Fallbeispiele, Gutachten oder weitere offizielle Dokumente auf, die die Wirksamkeit der Maßnahme belegen.	– Trinkwasserverband Verden (2016): Wasserwerk Panzenberg. Ergänzende Simulationen mit dem Grundwasserströmungsmodell zum Grundwasseranschluss des Halsebachs. – Stadt Delmenhorst (2011): Entwässerungskonzept Graft. Beschlussvorlage (A5-Rat) 11/50/009/BV-R.
7.2 Bitte quantifizieren Sie die voraussichtliche Wirksamkeit der Maßnahme anhand der Studien (z. B. Reduzierung der Stickstoffeinträge in Kilogramm) und geben Sie möglichst genau an, auf welche Parameter sich diese beziehen (z. B. Nährstoffreduktion je Kilometer Gewässerrandstreifen).	Anfänglich sorgt der Trinkwasserentnahmestopp für eine Erhöhung des Grundwasserspiegels. Der Grundwasserstand liegt bei einem Trinkwasserentnahmestopp weitgehend über der Gewässersohle des Halsebachs. Wenn die Wasserführung wiederhergestellt ist, können Maßnahmen für die weiteren Qualitätskomponenten folgen.
7.3 Ab welchem Zeitpunkt wird die Maßnahme wirksam und wann ist voraussichtlich das vollständige Ausmaß der Wirksamkeit erreicht?	Die Wirksamkeit beginnt mit der Einstellung der Trinkwasserförderung. Das vollständige Ausmaß der Wirksamkeit wird je nach Gewässerabschnitt des Halsebachs in 2-10 Jahren erreicht.

8. Wirksamkeit unter Praxisbedingungen	
Umsetzende Institutionen	
8.1 In welchen Hoheitsbereich fällt die Umsetzung der Maßnahme in erster Instanz (Bund, Länder, beide oder andere?)	Die Umsetzung der Maßnahme fällt in den Hoheitsbereich des Landes Niedersachsen: zuständig für das Wasserrechtsverfahren ist der Landkreis Verden. Es erfolgt eine Abstimmung mit dem Bundesland Bremen.
8.2 Welche(s) Ressort(s) ist/sind für die Maßnahme verantwortlich?	Es sind folgende Ressorts für die Maßnahme verantwortlich: – Niedersächsisches Ministerium für Umwelt, Energie und Klimaschutz – Das verantwortliche Ressort beim Landkreis Verden ist das Sachgebiet 70.1.1.
8.3 Welche Institutionen sind noch an der praktischen Umsetzung beteiligt/durch die praktische Umsetzung betroffen?	Betroffen sind folgende Institutionen: – Trinkwasserverband Verden – Unterhaltungsverband Rechter Weserverband
Verhaltensänderung Gruppen	
8.4 Erfordert die Umsetzung der Maßnahme Veränderungen, von denen auch BürgerInnen, gesellschaftliche Gruppen, Wirtschaft etc. betroffen sind?	Ja, die Maßnahme erfordert Veränderungen, von denen weitere Gruppen betroffen sind. Betroffene Gruppen sind: – Trinkwasserwirtschaft (TV Verden) – Öffentliche Hand (Land Bremen) – Versorgungsunternehmen (swb AG Bremen und Bremerhaven)
8.5 Wie sollen diese direkt betroffenen Gruppen informiert werden?	Die betroffenen Gruppen sind bereits beteiligt.
8.6 Ist geplant, weitergehende Informationen für die Öffentlichkeit bereitzustellen/zu entwickeln?	Die Bereitstellung weiterer Informationen für die Öffentlichkeit ist bisher nicht geplant.

9. Negative und positive Wirkungen der Maßnahme auf weitere Umweltgüter und Ökosystemleistungen	
9.1 Bitte benennen Sie mögliche negative Auswirkungen der Maßnahme auf weitere Umweltgüter (Biodiversität etc.) und Ökosystemleistungen.	Mit signifikanten negativen Auswirkungen der Maßnahme auf weitere Umweltgüter ist nicht zu rechnen.
9.2. Bitte quantifizieren Sie diese Auswirkungen soweit es möglich ist.	Nicht relevant (s. 9.1).
9.3. Bitte nennen Sie -wenn möglich- Studien, die für eine Monetarisierung der Effekte genutzt werden können.	Nicht relevant (s. 9.1).
9.4. Bitte benennen Sie mögliche positive Auswirkungen der Maßnahme auf weitere Umweltgüter (Biodiversität etc.) und Ökosystemleistungen.	Mögliche positive Auswirkungen sind: - Entwicklung der grundwasserabhängigen Lebensraumtypen LRT 91E0 Auenwälder mit *Alnus glutinosa* und *Fraxinus excelsior* und LRT 6430 feuchten Hochstaudenfluren und des allgemeinen Feuchtgrünlands. - Generell: In den Bereichen um den Halsebach die Verhinderung der weiteren Degeneration und Niedermoorsackungen, Förderung des Anschlusses grundwasserabhängiger Biotope, Entwicklung der Biodiversität. - Verbesserung des Zustands von FFH-Gebiet „Poggenmoor", Schutzgebieten (Holtumer Moor, Dünengebiet bei Neumühlen, Sachsenhain mit Umgebung, Halsetal) und weiterer Biotope (Waller Flachteiche, Teiche bei Dovemühle und Neumühle).

	– Verbesserung des Zustands des Bettenbruchgrabens und anderer Gewässer im Einzugsgebiet der Trinkwasserförderung. – WRRL-Ziele für Grundwasser und Oberflächengewässer können erreicht werden.
9.5. Bitte quantifizieren Sie diese Auswirkungen - soweit es möglich ist- aufgrund vorhandener Kenntnisse.	Nicht bezifferbar.
10. Direkte Maßnahmenkosten	
10.1 Öffentliche Hand/Staat/öffentliche Verwaltung	
a) Erfüllungsaufwand	
Personalaufwand	
Welche personalen Mittel sind in der Verwaltung erforderlich? Wenn möglich, stellen Sie diese bitte getrennt nach einzelnen Phasen der Maßnahme oder anderen Posten dar (für Entwicklung und Einführung, Umsetzung und Koordination, Kontrolle, Übungszwecke, Betrieb und Unterhaltung).	– Es entsteht ein administrativer Aufwand für die Genehmigung von neuen Leitungen und den Rückbau von Brunnen beim LK (zur Aufrechterhaltung der Wasserversorgung im Gebiet des Wasserwerks Panzenberg würde eine Leitung benötigt werden, die vom Wasserwerk Wittkoppenberg zum Wasserwerk Panzenberg führt. So können die vorhandene Netzstruktur und somit die vorhandenen Versorgungsleitungen in entsprechenden Dimensionen erhalten bleiben.) Berechnung: 2*1 Person E11 (10 % der Stelle) über fünf Jahre = 22.501 €/Jahr für 5 Jahre. – Die Personalkosten des TV Verden für den Rückbau der Brunnen sind anteilig in dem Sachaufwand des TV Verden enthalten.

Sachaufwand	
Welche Sachmittel sind in der Verwaltung erforderlich? Wenn möglich, stellen Sie diese bitte getrennt nach einzelnen Phasen der Maßnahme und anderen Posten dar (für Entwicklung und Einführung, Kontrolle, Übungszwecke, Betrieb und Unterhaltung, Investitionen für z. B. Flächenankäufe, Anpflanzungen, Entschädigungszahlungen).	Bei Kommunen entsteht Sachaufwand für den Bau von Zisternen zur Löschwasserversorgung und die Kontrolle des Rückbaus von Einzelbrunnen Der Sachaufwand des Landkreises ändert sich nicht im Vergleich zur Weitergenehmigung und ist deshalb vernachlässigbar. Folgender Aufwand des Trinkwasserverbandes wird bei der Berechnung berücksichtigt (Sachinvestitionen in Form von Abschreibungen): – Baukosten für neue Leitungen zur Aufrechterhaltung der Wasserversorgung im Gebiet des Wasserwerks Panzenberg, Verbindung des Wasserwerks Wittkoppenberg mit dem Wasserwerk Panzenberg. So können die vorhandene Netzstruktur und somit die vorhandenen Versorgungsleitungen in entsprechenden Dimensionen erhalten bleiben. – Kosten für den Rückbau von Brunnen. – Bauliche Strukturveränderungen beim WW Langenberg, weil es mit WW Panzenberg verbunden ist, zur Vermeidung von Druckverlusten. – Kosten für Druckerhöhungsstation und Steuerungstechnik. – Aufgrund der für die Berechnung getroffenen Annahmen und Abschreibungsdauern ergibt sich für den Trinkwasserverband folgender Sachaufwand: Jahr 1 = 373.333 €; Jahr 2-15 = 303.333 €/Jahr; Jahr 16-30 = 270.000 €/Jahr, sowie Umsatzeinbußen in Höhe von 5.515.922 €/Jahr.

b) Weitere direkte Kosten	
Welche weiteren direkten Kosten entstehen der Verwaltung (zum Beispiel Reduzierung von Gebühren und/oder Steuereinnahmen, Schäden, die infolge der Maßnahme entstehen)?	Folgende Kosten werden bei der Berechnung berücksichtigt: – Löschwasserversorgung: keine weiteren Investitionen notwendig. – Rückgang der Wasserentnahmegebühren für das Land Niedersachsen für die Entnahme aus dem Wasserwerk Panzenberg, diese betrug für die Entnahme des Wasserwerks Panzenberg für 2015 688.877,63 €. – Rückgang der Steuereinnahmen (Umsatzsteuer, Stromsteuer und Grundsteuer) wegen der Schließung des Wasserwerks (reduzierte Steuereinnahmen gesamt = 403.254,54 €) – Es werden keine Kosten durch mögliche Vernässung der kommunalen Flächen befürchtet. – Umsatzeinbußen durch den Wegfall der Trinkwasserversorgung aus dem LK Verden nach Bremen Aufgrund der Summe aus reduzierter Wasserentnahmegebühr und reduzierten Steuereinnahmen ergeben sich insgesamt direkte Kosten in Höhe von 1.092.133 €/Jahr für die Verwaltung.
10.2 Wirtschaft	
a) Erfüllungsaufwand	Wenn möglich, stellen Sie diesen bitte getrennt nach einzelnen Phasen der Maßnahme (für Entwicklung und Einführung, Kontrolle, Übungszwecke, Betrieb und Unterhaltung) dar. Differenzieren Sie die Kosten bitte zusätzlich nach: – Produktionsmengeneinschränkungen (EA_U)

	– erforderlichen Abgaben (EA_{AB}) – entstehenden Informationspflichten – entstehenden sonstigen Pflichten – Änderungen im Betriebsablauf – Änderungen bei der Quantität oder Qualität der Inputs wie mehr oder höher qualifizierte Arbeit (EA_{LK}) – Änderungen bei der Quantität oder Qualität der Vorleistungen wie dem Einsatz von weiterzuverarbeitenden Waren (EA_{VL}) – Abschreibungen aufgrund von Investitionen für z. B. Flächenankäufe (EA_A) – zusätzliche Aktivitäten, z. B. Entschädigungszahlungen
Personalaufwand	
Welche personalen Mittel sind in der Wirtschaft erforderlich?	Keine.
Sachaufwand	
Welche Sachmittel sind in der Wirtschaft erforderlich?	Keine.
b) Weitere direkte Kosten	
Welche weiteren direkten Kosten entstehen der Wirtschaft?	Landwirtschaft: Durch die Einstellung der Wasserentnahme kommt es zu einer Vernässung von Flächen, die zu einer Verminderung der Flächenproduktivität führt. Ggf. muss eine Umstellung von Ackerbau auf Grünlandwirtschaft im Absenkungstrichter 0,3 km² entlang der Halse, insgesamt auf einer Fläche von ca. 9 ha, erfolgen. Es entstehen Kosten in Höhe von 3.600 €/Jahr für die Landwirtschaft.

10.3 Privatpersonen, Vereine und Verbände	
a) Erfüllungsaufwand	
Welcher Aufwand entsteht Privatpersonen, Vereinen und Verbänden?	Potenziell kann es zu einer Vernässung von Flächen und Schäden an Bauwerken (Gebäude, Straßen etc.) kommen, aber laut Expertenauskunft sind keine wesentlichen Schäden zu befürchten, daher werden hier 0 € angesetzt.
b) Weitere direkte Kosten	
Welche weiteren direkten Kosten entstehen Privatpersonen, Vereinen und Verbänden (zum Beispiel durch Arbeitsplatzverlust oder Gebührenerhöhung)?	Finanzielle Einbußen/Kosten aufgrund des Abbaus von Arbeitsplätzen und ggf. resultierende Arbeitslosigkeit: Es kann zu einem regionalen Abbau von Arbeitsplätzen kommen (TV Verden: Annahme: Verlust von 25 Arbeitsplätzen); Wirtschaft in Bremen: Bei einer Veränderung des Trinkwasserbezugs wird von Seiten Bremens ggf. eine Umsiedlung von Unternehmen der Lebensmittelwirtschaft befürchtet, die über die Trinkwasserverordnung hinausgehende Anforderungen an das in die Produkte einfließende Wasser haben bzw. die ihre Produktionsprozesse an die derzeitige Wasserqualität angepasst haben (Annahme: es kann zu einem Verlust von 1400 Arbeitsplätzen in Bremen kommen, dabei wird von einer Umsiedlung innerhalb Deutschlands ausgegangen). Ggf. entstehen in diesem Fall einzelnen Mitarbeitern Bewerbungskosten, Umzugskosten etc. Preissteigerungen: Die erforderlichen Umbaumaßnahmen/Investitionen und Umstrukturierungen führen zu einer Erhöhung des Wasserpreises im LK Verden durch den TV Verden. Es ist davon auszugehen, dass es zu einer Erhöhung der Wasserpreise um 35 % (0,28 €/m³) kommt.

	Berechnung: 6.250.000 m³/Jahr * 0,28 €/m³ = 1.750.000 €/Jahr.
11. Negative wirtschaftliche Effekte der Maßnahme	
11.1 Staatseinnahmen, -ausgaben	
a) Folgen des Erfüllungsaufwandes	
Bitte übernehmen Sie die jährlichen unmittelbaren Kosten der Verwaltung anhand Ihrer Angaben in 10.1 a) (Personalkostensätze gemäß Bundesministerium der Finanzen).	Behördlicher Aufwand: Personal: 22.501 €/Jahr für 5 Jahre. Sachaufwand: Keiner. Direkte Kosten: 1.092.133 €/Jahr. Aufwand des TV (Sachkosten mit inkludierten Personalkosten): Jahr 1: 373.333 €, Jahr 2-15: 303.333 €/Jahr, Jahr 16-30: 270.000 €/Jahr sowie Umsatzeinbußen in Höhe von 5.515.922 €/Jahr.
Erfordert der Personalaufwand eine Erhöhung der Arbeitskapazität der Verwaltung?	Nein, es ist keine Erhöhung der Arbeitskapazität der Verwaltung erforderlich, daher 0 %.
Wenn ja, wie viel Prozent des Personalaufwands beziehen sich auf diese Kapazitätserhöhung?	0 %, s.o.
Um die mit der Maßnahme verbundene Erhöhung der Staatsausgaben zu ermitteln, addieren Sie bitte den Sachaufwand und den eben errechneten Anteil des Personalaufwands.	Nicht relevant, da keine Kapazitätserhöhung vorliegt.
b) Folgen der weiteren direkten Kosten	
Wie verändern sich die Staatseinnahmen infolge der weiteren direkten Kosten (z. B. durch Steuern	Es kommt zu einem Rückgang der Staatseinnahmen um insgesamt 1.092.133 €/Jahr.

oder Gebühren)? Bitte übernehmen Sie die weiteren direkten Kosten der Verwaltung aus 10.1 b) und berechnen so den Rückgang der Staatseinnahmen insgesamt.	
11.2 Bruttowertschöpfung, Beschäftigung und Preise	Bitte berechnen Sie die ggf. resultierenden Änderungen der Bruttowertschöpfung, der Beschäftigung und der Preise.
a) Änderung der Bruttowertschöpfung	Trinkwasserunternehmen TV Verden: Bei einer konstanten Relation zwischen Trinkwassermenge und dem Vorleistungseinsatz entspricht die Änderung der Umsatzeinbußen der Änderung der Bruttowertschöpfung (-53 % TV Verden). Landwirtschaft: Hier kann davon ausgegangen werden, dass die Vorleistungsanpassung vernachlässigbar ist. Sie entspricht folglich der Änderung des Produktionswertrückgangs und beträgt 3.600 €/Jahr.
b) Änderung der Beschäftigung	Wirtschaft in Bremen: Es besteht das Risiko des lokalen Verlustes traditioneller/wichtiger Industrie und deren Arbeitsplätzen. Annahme: Es erfolgt eine Umsiedlung innerhalb Deutschlands, Annahme: Es kann zu einer Umsiedlung von ca. 1.400 Arbeitsplätzen kommen (vgl. 10.3 b), diese werden aufgrund der Unsicherheiten nicht in die Berechnung einbezogen. Trinkwasserverband Verden: Hier ist mit einem Verlust von 25 Arbeitsplätzen aufgrund geringerer Fördermengen und der Einstellung eines Wasserwerkes zu rechnen.
c) Änderung der Preise	Die notwendigen Umstrukturierungsmaßnahmen führen für den TV Verden zu Kosten sowie sinkenden Einnahmen.

	Aufgrund der Verpflichtung zur Kostendeckung der Wasserdienstleistungen kommt es zu einer Erhöhung der Trinkwasserpreise in Verden. Es wird von einer Erhöhung um 30-40 % ausgegangen.
12. Volkswirtschaftliche Kosten der Maßnahme	
12.1 Bitte ermitteln Sie die jährlichen volkswirtschaftlichen Kosten, diese resultieren aus:	
a) der Veränderung des staatlichen Budgets	Jährliche unmittelbare Kosten der Verwaltung: Personalkosten von Kommunen und Landkreis durch Umstrukturierung von 22.501 €/Jahr für 5 Jahre. Der Artikel 9 WRRL fordert die Kostendeckung von Wasserdienstleistungen unter Berücksichtigung von Umwelt- und Ressourcenkosten. Idealtypisch sollten mithilfe der Wasserentnahmegebühren, die durch diese spezifische Entnahme anfallenden Umwelt- und Ressourcenkosten ausgeglichen werden. In Niedersachsen wird die Wasserentnahmegebühr insgesamt für Maßnahmen zum Schutz der Gewässer und des Wasserhaushalts, für sonstige Maßnahmen der Wasserwirtschaft und für Maßnahmen des Naturschutzes verwendet. Hierfür entfallen ca. 690.000 € Wasserentnahmegebühren, wenn mit dem WW Panzenberg keine Wasserentnahme mehr erfolgt. Gleichzeitig kommt es im Falle einer eingestellten Wasserentnahme zu weniger Umweltbelastung durch eine Wasserführung des Halsebachs über den gesamten Bachlauf und einer besseren Wasserversorgung weiterer Ökosysteme aufgrund des dann angehobenen Grundwasserstands. Welche Kosten durch die Umweltverbesserung aufgrund der verbesserten

	Wasserführung/-versorgung eingespart werden können, lässt sich nicht beziffern.[14] Die geringeren Steuereinnahmen führen (näherungsweise) zu volkswirtschaftlichen Kosten von 403.255 €/Jahr. TV Verden: Es kann davon ausgegangen werden, dass der Erfüllungsaufwand vollständig über Preiserhöhungen und Entlassungen der Trinkwasserwirtschaft überwälzt wird. Die Bruttoeinkommen aus Unternehmertätigkeit und Vermögen bleiben somit gleich.
b) der Abnahme der Einkommen aus Unternehmertätigkeit und Vermögen	In der Landwirtschaft ist eine Überwälzung nicht möglich. Die volkswirtschaftlichen Kosten betragen somit 3.600 €/Jahr.
c) der Änderung der Beschäftigung	Wirtschaft in Bremen: Bei einer Veränderung des Trinkwasserbezugs wird von Seiten Bremens ggf. eine Umsiedlung von Unternehmen der Lebensmittelwirtschaft befürchtet (vgl. 10.3 b). Annahme: Es kann zu einem Verlust von 1.400 Arbeitsplätzen in Bremen kommen, da aber von einer Umsiedlung der Unternehmen innerhalb Deutschlands ausgegangen wird, kann es zwar zu lokalen Beschäftigungseffekten kommen, aber es wird nicht von bundesweiten Effekten auf die Beschäftigung ausgegangen. Trinkwasserverband Verden: Annahme: Verlust von 25 Arbeitsplätzen aufgrund geringerer Fördermengen und Einstellung eines

---

[14] „Die in Artikel 9 geforderte Berücksichtigung von Umwelt- und Ressourcenkosten bei der Kostendeckung von Wasserdienstleistungen der Ver- und Entsorger wird in Deutschland neben den umweltrechtlichen Auflagen für die Wasserdienstleister insbesondere durch zwei Instrumente umgesetzt: Wasserentnahmeentgelte der Bundesländer und die bundesweit geltende Abwasserabgabe." LAWA Handlungsempfehlung für die Aktualisierung der Wirtschaftlichen Analyse, 2020, S. 26f. https://www.lawa.de/documents/handlungsanleitung-wirtschaftliche- analyse_1592554027.pdf

	Wasserwerkes; daraus ergeben sich volkswirtschaftliche Kosten von einmalig 872.347 €. Berechnung: 600 Mio. € Bruttoeinkommen für 141 Unternehmen mit durchschnittlich 150 Mitarbeitern (MA) (lt. Statistischem Bundesamt 2014: Tabelle Unternehmensergebnisse 2014 Wasserversorgung, S. 31) = 28.369 € Bruttolohneinkommen/MA/Jahr * 25 MA * 1,23 (123 % Einbuße durch Arbeitsplatzverlust laut Haveman, R. H. & Weimer D. L. (2015): Public Policy Induced Changes in Employment: Valuation Issues for Benefit-Cost Analysis. Journal of Benefit-Cost Analysis 6(1): 112-153).
d) der Änderung der Preise	Es entstehen volkswirtschaftliche Kosten durch die Erhöhung der Trinkwasserpreise um 30 – 40 %, Rechnung mit 35 %. Berechnung: Volkswirtschaftliche (vw.) Kosten der Preiserhöhung = Ausgangsmenge * Ausgangspreis * relative Preisänderung * (1 + e/2 * relative Preisänderung) Berechnung: – Szenario 1 (Preiselastizität der Trinkwassernachfrage (e) = 0): 6.250.000 m³/Jahr * 0,80 €/m³ * 0,35 (35 % Preiserhöhung) * (1+ 0/2 * 0,35) = 1.750.000 €/Jahr vw. Kosten der Preiserhöhung bei 35 % Preiserhöhung und einer Preiselastizität der Trinkwassernachfrage von 0. – Szenario 2 (Preiselastizität der Trinkwassernachfrage (e) = -0,25): 6.250.000 m³/Jahr * 0,80 €/m³ * 0,35 (35 % Preiserhöhung) * (1+ -0,25/2 * 0,35) = 1.673.437,50 €/Jahr vw. Kosten der

	Preiserhöhung bei 35 % Preiserhöhung und einer Preiselastizität der Trinkwassernachfrage von -0,25.
12.2 Bitte geben Sie weitere volkswirtschaftliche Kosten (als Folge negativer Umweltwirkungen oder von Zwangsausgaben privater Haushalte) an.	Es entstehen keine weiteren volkswirtschaftlichen Kosten.
13. Positive wirtschaftliche Effekte der Maßnahme	
13.1 Bitte geben Sie an, welche positiven Effekte die Maßnahme für die öffentliche Hand/Staat/öffentliche Verwaltung hat.	– Landkreis Verden: Es kommt zu Reduzierungen der (geringen) Einschränkungen in der Bauleitplanung für die Gemeinden im Wasserschutzgebiet (WSG). Die Effekte sind marginal, daher 0 €. – TV Verden: Der TV Verden zahlt derzeit einen freiwilligen Beitrag für die notwendigen häufigeren Kontrollen von Ölheizungen in Wasserschutzgebieten. Wenn es zu einem Wegfall des Wasserschutzgebietes kommt, ist eine Reduzierung der Kontrollen der Ölheizungen möglich. Hierdurch spart der TV Verden durchschnittlich 1.140 €/ Jahr ein. – Entfallene zukünftige Entschädigungszahlungen für landwirtschaftliche Flächen, die ggf. von einer Grundwasserabsenkung betroffen sind.
13.2 Bitte geben Sie an, welche positiven Effekte die Maßnahme für die Wirtschaft hat.	– Landwirtschaft: Die landwirtschaftlich genutzte Fläche beträgt im aktuellen Wasserschutzgebiet 2.501 ha (59 % von 4.260 ha), davon sind 578 ha Grünland. Ggf. kommt es zu Ertragssteigerungen durch die Zunahme an Feuchtigkeit in sonst trockenem Gebiet; dieses betrifft 2.439 ha. – Geringere Auflagen wegen des Wegfalls des Trinkwasserschutzgebietes; ggf. Ertragssteigerung oder Kosteneinsparungen durch

	die Möglichkeit der Verwendung anderer Düngemittel; ggf. Bau von Biogasanlagen. Ferner gibt es 13 Auflagen gemäß §2 SchuVO bzw. 27 Auflagen gemäß Amtsbl. Lbg. Nr. 19 vom 14.10.83 für WSG Panzenberg, aber durchschnittlich werden 160.000 €/a für freiwillige Vereinbarungen in der Kooperation Verden (Gewinnungsgebiete des TV Verden [2/3 im Gebiet Panzenberg] und der Stadtwerke Verden) gezahlt. Für die weitere Berechnung wird angenommen, dass der gezahlte Betrag die Landwirte für alle Kosten (geringerer Ertrag, höhere Arbeitsleistung, veränderter Einsatz von Saatgut/Dünger/Betriebsmitteln) entschädigt.
13.3 Bitte geben Sie an, welche positiven Effekte die Maßnahme für Privatpersonen, Vereine und Verbände hat.	– Bei einer Einstellung der Trinkwasserentnahme wird die Errichtung von Hausbrunnen möglich. Der Brunnenbau ist jedoch mit Kosten verbunden und es ist nicht davon auszugehen, dass der Brunnenbau rentabel ist, da die Nutzung von Trinkwasser anstelle von Brunnenwasser kostengünstiger ist: 0 €. – Reduzierung der Kontrollen von Ölheizungen aufgrund des Wegfalls des Wasserschutzgebietes. Kosten im WSG derzeit: Wartungspreis ca. 110 € Wartungskosten – 60 €/Anlage (Zuschuss vom TV Verden) = 50 €/Anlage/ zusätzliche Wartung: 10 €/Jahr/ je Ölheizungsbetreiber, der Zuschüsse beantragt hat.
14. Volkswirtschaftliche Nutzen der Maßnahme	
14.1 Bitte ermitteln Sie die jährlichen volkswirtschaftlichen Nutzen, die resultieren aus:	
a) der Veränderung des staatlichen Budgets	Es entstehen lediglich marginale positive wirtschaftliche Effekte für den LK Verden.

	Der TV Verden spart durchschnittlich 1.140 €/ Jahr aufgrund des Wegfalls des finanziellen Ausgleichs für die im WSG zusätzlich erforderlichen Wartungen der Ölheizungen ein. Da der TV Verden als öffentlicher Wasserversorger keine Gewinnerzielungsabsicht hat, ist von einer Weitergabe der Ersparnis auszugehen.
b) der Zunahme der Einkommen aus Unternehmertätigkeit und Vermögen	Mit einer nennenswerten Zunahme der Einkommen aus Unternehmertätigkeit und Vermögen ist nicht zu rechnen.
c) der Änderung der Beschäftigung	Aufgrund der Maßnahme kommt es zu keinen Neueinstellungen.
d) der Änderung der Preise	Es ist von keinen Preissenkungen auszugehen.
14.2 Bitte quantifizieren Sie – soweit es möglich ist – den jährlichen nicht-wirtschaftlichen Wert, der resultiert aus	
14.2.1 Verbesserung der Gewässerqualität	
a) Welcher Bewertungsfall einer Zahlungsbereitschaftsstudie ist relevant?	Es konnten keine geeigneten Zahlungsbereitschaftsstudien identifiziert werden.
b) Bitte beschreiben Sie die bewertete Umweltverbesserung der ausgewählten Studie und dokumentieren Sie die Unterschiede zur Umweltverbesserung der vorliegenden Maßnahme.	Siehe Punkt 14.2.1 a)
c) Bitte passen Sie das ermittelte Ergebnis der Zahlungsbereitschaften an die Bezugsgröße der Belastungsreduktion an.	Siehe Punkt 14.2.1 a)
d) Bitte übertragen Sie den mit der Benefit-Transfer-Formel errechneten Wert. Bitte geben Sie an in welchem Jahr, in welchem Land und für welche	Siehe Punkt 14.2.1 a)

Grundgesamtheit die ausgewählte Bewertungsstudie durchgeführt wurde.	
14.2.2 den positiven Effekten bei weiteren Umweltgütern und Dienstleistungen	
a) Welcher Bewertungsfall einer Zahlungsbereitschaftsstudie ist relevant?	Es konnten keine geeigneten Zahlungsbereitschaftsstudien identifiziert werden.
b) Bitte beschreiben Sie die bewertete Umweltverbesserung der ausgewählten Studie und dokumentieren Sie die Unterschiede zur Umweltverbesserung der vorliegenden Maßnahme.	Siehe Punkt 14.2.2 a)
c) Bitte passen Sie das ermittelte Ergebnis der Zahlungsbereitschaften an die Bezugsgröße der Belastungsreduktion an.	Siehe Punkt 14.2.2 a)
d) Bitte übertragen Sie den mit der Benefit-Transfer-Formel errechneten Wert. Bitte geben Sie an in welchem Jahr, in welchem Land und für welche Grundgesamtheit die ausgewählte Bewertungsstudie durchgeführt wurde.	Siehe Punkt 14.2.2 a)
15. Finanzielle Belastungen privater Wirtschaftssubjekte	
15.1 Bitte berechnen Sie die finanziellen Belastungen privater Unternehmen.	Wenn eine Umstellung von Ackerbau auf Grünlandwirtschaft im Absenkungstrichter 0,3 km² entlang der Halse, insgesamt auf einer Fläche von ca. 9 ha, erfolgen muss, entstehen der Landwirtschaft Kosten in Höhe von 3.600 €/Jahr.

15.2 Bitte berechnen Sie die finanziellen Belastungen von Privatpersonen, Vereinen und Verbänden.	Bei einer Preiselastizität von 0 liegen die finanziellen Belastungen bei 1.750.000 €/Jahr, bei einer Preiselastizität von -0,25 bei 1.673.437,50 €/Jahr.
16. Zuständigkeit	
Liegt das Gebiet, in dem die Maßnahme umzusetzen ist, in Ihrem Zuständigkeitsbereich?	Ja, da der LK Verden dem Antrag des TV Verden auf Erteilung einer Bewilligung gemäß § 8 WHG zur Entnahme von Grundwasser mit dem Wasserwerk Panzenberg stattgeben oder widersprechen muss.
17. Koordinierungsverpflichtung	
Mit welchen anderen Bundesländern, bzw. Staaten, bzw. sonstigen Institutionen bestehen Koordinierungsverpflichtungen?	Da der Halsebach zur FGE Weser gehört, die sich über mehrere Bundesländer erstreckt, besteht für die FGE Weser nach § 7 WHG generell eine Koordinierungsverpflichtung. Die Flussgebietseinheit Weser befindet sich vollständig innerhalb der Bundesrepublik Deutschland. Das Gesamteinzugsgebiet betrifft folgende Bundesländer: Bayern, Bremen, Hessen, Niedersachsen, Nordrhein-Westfalen, Sachsen-Anhalt und Thüringen sowie die Verwaltung der Bundeswasserstraßen. Die anhaltende menschliche Tätigkeit findet in Niedersachsen statt. Es sind Auswirkungen auf Ober- bzw. Unterlieger aufgrund der Koordinierungsverpflichtung zu prüfen.
18. Übersicht	Bitte füllen Sie den Ergebnisteil durch Übertragung der Ergebnisse aus dem Prüfkatalog aus. Um Scheingenauigkeiten zu vermeiden, sind ermittelte Zahlen nach Abschluss der Berechnungen sachgerecht zu runden.

Betroffener Wasserkörper und geographisches Gebiet
18.1 Die Prüfung zur Inanspruchnahme abweichender Bewirtschaftungsziele wird für folgenden Wasserkörper und folgendes geographisches Gebiet durchgeführt: Wasserkörper „22042 Halsebach".

Signifikante Belastungen
18.2 Die Maßnahme wirkt folgenden signifikanten Belastungen entgegen: starken Abflussveränderungen, temporäres Austrocknen aufgrund der Grundwasserentnahme.
18.3 Die signifikanten Belastungen wirken auf folgender räumlichen Skala: Wasserkörper „22042 Halsebach".

Zeithorizont
18.5 Die Maßnahme kann ab folgendem Zeitpunkt und/oder in folgendem Zeitraum umgesetzt werden: Annahme Maßnahmenbeginn zum Zeitpunkt der Prüfung: 2018, Umsetzungszeitraum 30 Jahre.

Theoretische Wirksamkeit
18.6 Studien für die Wirksamkeit sind unter 4.1 vorhanden.
18.7 Die voraussichtliche Wirksamkeit der Maßnahme ist folgendermaßen quantifiziert: Erhöhung des Grundwasserspiegels überwiegend über die Gewässersohle des Halsebachs, anschließend Maßnahmen für weitere Qualitätskomponenten.
18.8 Beginn und vollständiges Ausmaß der Wirksamkeit der Maßnahme: Wirksamkeitsbeginn mit der Einstellung der Trinkwasserförderung, vollständiges Ausmaß in 2-10 Jahren (je Abschnitt der Halse).

Wirksamkeit unter Praxisbedingungen
18.9 Folgende Institutionen sind beteiligt bzw. betroffen: Trinkwasserverband Verden, Unterhaltungsverband Rechter Weserverband und unter 18.10 genannte.
18.10 Die Verantwortlichkeit liegt bei: Niedersächsisches Ministerium für Umwelt, Energie und Klimaschutz; Landkreis Verden, Sachgebiet 70.1.1.
18.11 Bei folgenden gesellschaftlichen Gruppen ist eine Verhaltensänderung erforderlich: Trinkwasserwirtschaft (TV Verden), Öffentliche Hand (Land Bremen), Versorgungsunternehmen (swb AG Bremen und Bremerhaven).

Negative und positive Wirkungen der Maßnahme auf weitere Umweltgüter
18.13 Mögliche negative Auswirkungen der Maßnahme auf weitere Umweltgüter sind: nicht zu erwarten.
18.14 Mögliche positive Auswirkungen der Maßnahme auf weitere Umweltgüter sind: u. a. Verbesserungen grundwasserabhängiger Biotope und Lebensraumtypen, Verbesserungen des Zustands von Schutzgebieten und Gewässern.

Direkte Maßnahmenkosten
Aufwand öffentliche Hand/Staat/öffentliche Verwaltung
18.15 Die Kosten des Personalaufwandes liegen bei: 22.501 €/Jahr für 5 Jahre, bzw. sind für den TV in den Sachkosten inkludiert.

18.16 Die Kosten des Sachaufwandes liegen bei: Jahr 1 = 373.333 €; Jahr 2-15 = 303.333 €/Jahr; Jahr 16-30 = 270.000 €/Jahr, sowie Umsatzeinbußen in Höhe von 5.515.922 €/Jahr.
18.17 Weitere direkte Kosten betragen: 1.092.133 €/Jahr.

Aufwand Wirtschaft
18.18 Die Kosten des Personalaufwandes liegen bei: 0 €.
18.19 Die Kosten des Sachaufwandes liegen bei: 0 €.
18.20 Weitere direkte Kosten betragen: 3.600 €/Jahr für die Landwirtschaft.

Aufwand Privatpersonen, Vereine und Verbände
18.21 Die Kosten des Aufwandes liegen bei: 0 €.
18.22 Weitere direkte Kosten betragen: 1.750.000 €/Jahr.

Negative wirtschaftliche Effekte
18.23 Die mit der Maßnahme verbundene Erhöhung der Staatsausgaben beträgt Jahr 1 = 373.333 €; Jahr 2-15 = 303.333 €/Jahr; Jahr 16-30 = 270.000 €/Jahr, sowie Umsatzeinbußen in Höhe von 5.515.922 €/Jahr
18.24 Die Folgen der weiteren direkten Kosten der öffentlichen Haushalte betragen: 1.092.133 €/Jahr.
18.25 Für die resultierenden Änderungen der Bruttowertschöpfung, der Beschäftigung und der Preise gilt -53 % Bruttowertschöpfung TV Verden, 3.600 €/Jahr Bruttowertschöpfungsrückgang Landwirtschaft; potenzielle Umsiedlung von ca. 1.400 Arbeitsplätzen in Bremen, Verlust

von 25 Arbeitsplätzen beim TV Verden; Erhöhung der Trinkwasserpreise in Verden um 30-40 %.

Volkswirtschaftliche Kosten
18.26 der Änderung des staatlichen Budgets liegen bei: jährlichen unmittelbaren Kosten der Verwaltung: 22.501 €/Jahr für 5 Jahre, volkswirtschaftlichen Kosten von 403.255 €/Jahr durch geringere Steuereinnahmen.
18.27 der Abnahme der Einkommen aus Unternehmertätigkeit und Vermögen liegen bei: 3.600 €/Jahr (Landwirtschaft).
18.28 des Beschäftigungsrückgangs liegen bei: 872.347 € einmalig.
18.29 des Preisanstiegs liegen bei: bei 35 % Preiserhöhung: Szenario 1 (Preiselastizität der Trinkwassernachfrage (e) = 0): 1.750.000 €/Jahr; Szenario 2 (Preiselastizität der Trinkwassernachfrage (e) = -0,25): 1.673.438 €/Jahr.
18.30 Weitere volkswirtschaftliche Kosten: keine.
18.31 Die Gegenwartswerte der volkswirtschaftlichen Kosten der Maßnahme betragen für 30 Jahre insgesamt in Szenario 1 (Preiselastizität der Trinkwassernachfrage (e) = 0): 179.645.668,99 €, in Szenario 2 (Preiselastizität der Trinkwassernachfrage (e) = 0): 177.930.940,36 €.
Positive wirtschaftliche Effekte der Maßnahme
18.32 Die positiven wirtschaftlichen Effekte für öffentliche Hand/Staat/öffentliche Verwaltung sind 1.140 €/Jahr.
18.33 Die positiven wirtschaftlichen Effekte für die Wirtschaft sind: nicht bezifferbar.

18.34 Die positiven wirtschaftlichen Effekte für Privatpersonen, Vereine, Verbände sind 10 €/Jahr und Ölheizungsbetreiber, der Zuschüsse für die zusätzliche Wartung seiner Ölheizung beantragt hat.

Volkswirtschaftliche Nutzen
18.38 liegen bei: 1.140 €/Jahr.
18.39 eine Monetarisierung des nicht-wirtschaftlichen Nutzens ist aufgrund fehlender empirischer Studien nicht möglich.
18.43 Die Gegenwartswerte der volkswirtschaftlichen Nutzen der Maßnahme betragen für 30 Jahre insgesamt 25.532 €.

Finanzielle Belastungen der Wirtschaftssubjekte
18.44 Die finanziellen Belastungen privater der Landwirte im Landkreis Verden betragen insgesamt: 3.600 €/Jahr.
18.45 Die finanziellen Belastungen von Privatpersonen, Vereinen und Verbänden betragen insgesamt: 1.750.000 €/Jahr, bei einer Preiselastizität von -0,25 bei 1.673.437,50 €/Jahr

Koordinierungsverpflichtung
18.47 Es bestehen Koordinierungsverpflichtungen mit folgenden anderen (Bundes-)Ländern und Institutionen: Bayern, Bremen, Hessen, Niedersachsen, Nordrhein-Westfalen, Sachsen-Anhalt und Thüringen sowie der Verwaltung der Bundeswasserstraßen.

19. Zusammenfassung: Kosten und Nutzen	Volkswirtschaftliche Kosten	Volkswirtschaftliche Nutzen	Nicht monetarisierte Umweltwirkungen
	Szenario 1 (Preiselastizität der Trinkwassernachfrage (e) = 0): 179.645.669 €, in Szenario 2 (Preiselastizität der Trinkwassernachfrage (e) = 0): 177.930.940 €	25.532 €	Verbesserungen grundwasserabhängiger Biotope und Lebensraumtypen sowie des Zustands von Schutzgebieten und Gewässern sind zu erwarten.

Quelle: Eigene Darstellung.

Zusammenfassung der Ergebnisse

Die Maßnahme ist der „Trinkwasserentnahmestopp", d. h. die Einstellung der Trinkwasserförderung durch den Trinkwasserverband Verden im Wasserwerk Panzenberg. Durch die Einstellung der Trinkwasserentnahme kommt es zu einer Erhöhung des Grundwasserspiegels. Hierdurch wird die Verbindung des Halsebachs zum Grundwasser wiederhergestellt und so eine dauerhafte und durchgängige Wasserführung des Wasserkörpers Halsebach ermöglicht. Dies ist die Grundvoraussetzung zur Erreichung des guten Potenzials im Wasserkörper Halsebach, welches aufgrund starker Abflussveränderungen mit der Folge des temporären Austrocknens unter derzeitigen Bedingungen nicht erreicht werden kann. Die theoretische Wirksamkeit der Maßnahme ist durch Studien belegt und die Maßnahme ist technisch durchführbar. Zum Zeitpunkt der Prüfung wurde von einem möglichen Maßnahmenbeginn Ende 2018 ausgegangen. Die Maßnahme soll über einen Zeitraum von 30 Jahren umgesetzt und für diesen Zeitraum geprüft werden. Die Berechnung erfolgte somit entsprechend § 14 (2) WHG für 30 Jahre (als üblichem Zeitraum für Bewilligungen für Grundwasserentnahmen). Es wird davon ausgegangen, dass es zu einer Erhöhung des Grundwasserspiegels überwiegend über die Gewässersohle des Halsebachs kommt und diese sofort mit der Einstellung der Trinkwasserförderung beginnt. Es wird damit gerechnet, dass das vollständige Ausmaß der Wirksamkeit, je nach Gewässerabschnitt des Halsebachs, in 2-10 Jahren erreicht werden kann.

Als Institutionen sind der Landkreis Verden in Abstimmung mit dem Bundesland Bremen, der Trinkwasserverband Verden, der Unterhaltungsverband Rechter Weserverband sowie das Land Niedersachsen an der Maßnahmenumsetzung beteiligt bzw. von der Maßnahme betroffen. Die Verantwortlichkeit liegt beim Sachgebiet 70.1.1 des Landkreises Verden. Die Maßnahme erfordert eine Verhaltensänderung der Trinkwassersektors (TV Verden), der öffentlichen Hand (Land Bremen) sowie des Versorgungsunternehmens (swb AG Bremen und Bremerhaven). Diese gesellschaftlichen Gruppen sind bereits an der Maßnahmenumsetzung beteiligt.

Es sind keine negativen Auswirkungen der Maßnahme auf weitere Umweltgüter zu erwarten. Als positive Auswirkungen der Maßnahme auf weitere Umweltgüter werden u. a. Verbesserungen grundwasserabhängiger Biotope und Lebensraumtypen sowie des Zustands von Schutzgebieten und Gewässern erwartet.

Der öffentlichen Hand entstehen direkte Maßnahmenkosten durch Personalaufwand im Zusammenhang mit dem Brunnenrückbau. Ferner entsteht Sachaufwand (Personalkosten sind hier inkludiert) aufgrund erforderlicher baulicher Maßnahmen. Weitere direkte Kosten der öffentlichen Hand resultieren aus dem Rückgang der Wasserentnahmegebühren und reduzierten Steuereinnahmen. Der Landwirtschaft entstehen ebenfalls Kosten. Privatpersonen, Vereinen und Verbänden entstehen direkte Kosten durch einen Abbau von Arbeitsplätzen, eine gegebenenfalls erfolgende Umsiedlung von Unternehmen aus Bremen im regionalen Umfeld sowie durch aus der Maßnahme resultierende Preisanpassungen der Wasserpreise im Landkreis Verden.

Die Änderung des staatlichen Budgets liegt bei jährlichen unmittelbaren Kosten der Verwaltung von 22.501 €/Jahr für 5 Jahre sowie volkswirtschaftlichen Kosten von 403.255 €/Jahr durch geringere Steuereinnahmen. Die Abnahme der Einkommen aus Unternehmertätigkeit und Vermögen für die Landwirtschaft beträgt 3.600 €/Jahr. Die volkswirtschaftlichen Kosten des Beschäftigungsrückgangs liegen bei einmalig 872.347 €. Für die Ermittlung der volkswirtschaftlichen Kosten des Preisanstiegs wurden zwei Szenarien berechnet. Im ersten Szenario wurde von einer preisunelastischen Trinkwassernachfrage ausgegangen (keine Änderung der mengenmäßigen Trinkwassernachfrage trotz Preiserhöhung). Dann resultieren bei einer 35-prozentigen Preiserhöhung volkswirtschaftliche Kosten der Preiserhöhung von 1.750.000 €/Jahr. Im zweiten Szenario (Preiselastizität der Trinkwassernachfrage = -0,25) führt eine 35-prozentige Preiserhöhung zu einem Rückgang der mengenmäßigen Trinkwassernachfrage um 8,75 %. Daraus resultieren volkswirtschaftlichen Kosten der Preiserhöhung von 1.673.438 €/Jahr. Es entstehen keine weiteren volkswirtschaftlichen Kosten. Insgesamt belaufen sich die Gegenwartswerte der volkswirtschaftlichen Kosten der Maßnahme für 30 Jahre auf insgesamt

in Szenario 1 (Preiselastizität der Trinkwassernachfrage (e) = 0) auf insgesamt: 179.645.669 €, in Szenario 2 (Preiselastizität der Trinkwassernachfrage (e) = 0) auf insgesamt: 177.930.940 €.
Die quantifizierten volkswirtschaftlichen Gesamtnutzen betragen für 30 Jahre 25.532 €.

7. Anwendungsfall – Grau- und Regenwassernutzung als hypothetische Ersatzaktivität der Trinkwasserförderung

Die Trinkwasserversorgung in Bremen wird zu 27 % durch die Trinkwasserförderung des Trinkwasserverbandes Verden gedeckt (im Jahr 2013, Bremische Bürgerschaft 2015: 3). Im Fall der Einstellung der Trinkwasserförderung des TV Verden muss eine „Ersatzaktivität" Anwendung finden, damit die Trinkwasserversorgung als Daseinsvorsorge weiterhin sichergestellt ist.

Als Anwendungsfall des **Prüfkatalogs EA** zur Ermittlung der Kosten und Eignung zur Sicherstellung der sozioökonomischen Erfordernisse wurde die Ersatzaktivität Grau- und Regenwassernutzung ausgewählt. Die Auswahl erfolgte in enger Abstimmung mit dem Niedersächsischen Ministerium für Umwelt, Energie und Klimaschutz. Als „Grauwasser" wird der Teil des Abwassers bezeichnet, der beim Baden, Duschen, Händewaschen und Wäschewaschen anfällt und lediglich leicht belastet ist (Deutsches Institut für Normung 2001: Norm DIN EN 12056-1).

Im Rahmen der vorliegenden Bewertung werden Kombinationsanlagen für die Grau- und Regenwassernutzung für Unternehmen mit mehr als 1.000 Mitarbeitern in der Stadt Bremen in Betracht gezogen. Für Privathaushalte und Hotels wird eine ausschließliche „Grauwassernutzung" zugrunde gelegt.

Die Datenerfassung und -analyse erfolgte auf der Basis von Literaturanalysen sowie folgender Expertenauskünfte:

- Schriftliche Angaben des Statistischen Landesamtes Bremen

- Mündliche und schriftliche Angaben des Niedersächsischen Ministeriums für Umwelt, Energie und Klimaschutz

Zur Szenarienentwicklung und der Datenerfassung und -analyse gab es mehrere Treffen mit dem MU.

Ferner fanden Vor-Ort-Besprechungen unter Teilnahme des MU in Göttingen, Telefonate und E-Mail-Austausch statt.

Der tatsächliche Zeitaufwand, den das Ministerium für die Unterstützung der Befüllung des Prüfkatalogs durch die webod.gbr aufbringen musste, lässt sich auf dieser Basis nicht erfassen, weil in dem dargestellten Zeitaufwand die gleichzeitige Entwicklung des Verfahrens sowie die fortlaufende Überarbeitung des Prüfkatalogs enthalten sind. Erfahrungen aus der Maßnahmenbewertung im Rahmen der MSRL belegen, dass für die Befüllung des MSRL-Prüfschemas zur Darstellung der Kostenwirksamkeit der Maßnahme sowie Durchführung einer Folgenabschätzung inklusive Kosten-Nutzen-Analyse ein bis drei Treffen des Maßnahmen-Verantwortlichen mit webod.gbr erforderlich sind.

Tabelle 3: Prüfung zur Feststellung der Kosteneffizienz der hypothetischen Ersatzaktivität Grau- und Regenwassernutzung

1. Ersatzaktivität: Beschreibung	
1. Bitte nennen und beschreiben Sie die Ersatzaktivität, die einer Kosten-Wirksamkeitsanalyse unterzogen wird. Bitte lokalisieren Sie die Ersatzaktivität und geben die erwartete räumliche Skala der Wirksamkeit an.	– Als Ersatzaktivität wird betrachtet: Grau- und Regenwassernutzung in Bremen. – Die Ersatzaktivität ist folgendermaßen ausgestaltet: Grauwassernutzung in Privathaushalten und Hotels, Verwendung von Kombinationsanlagen für Grau- und Regenwassernutzung in Unternehmen mit über 1.000 Mitarbeitern in der Stadt Bremen. – Erläuterung: Grauwasser ist der nur leicht belastete Teil des Abwassers, der beim Baden, Duschen, Händewaschen und Wäschewaschen anfällt (Deutsches Institut für Normung 2001: Norm DIN EN 12056-1). Dieses kann insbesondere zur Toilettenspülung verwendet werden. Für den Einsatz von Grau- und Regenwasser sind Änderungen in den Haus- und Gebäudeinstallationen notwendig. – Durch den Ersatz von Trinkwasser durch Grau- und Regenwasser ist es möglich, den Trinkwasserverbrauch in Bremen zu reduzieren.
2. Beschreibung der sozioökonomischen Erfordernisse	
2. Was sind die sozioökonomischen Erfordernisse, deren Erfüllung die Ersatzaktivität sicherstellen soll?	– Die der Allgemeinheit dienende Wasserversorgung (öffentliche Wasserversorgung) ist eine Aufgabe der Daseinsvorsorge (§ 50 (1) WHG). – Die Trinkwasserversorgung muss somit sichergestellt sein.

3. Zeithorizont	
3. Ab welchem Zeitpunkt und/oder in welchem Zeitraum kann die Ersatzaktivität voraussichtlich zum Einsatz kommen?	Zum Zeitpunkt der Prüfung wurde von einem sofortigen Beginn des Einsatzes sowie von einer vollständigen Umsetzung nach 5 Jahren ausgegangen.
4. Sozioökonomische Zielsetzung	
4.1. Theoretische Eignung	
Bitte führen Sie zentrale und ggf. auf Deutschland übertragbare Studien, dokumentierte Fallbeispiele, Gutachten oder weitere Dokumente auf, die die theoretische Eignung der Ersatzaktivität belegen.	– Böhm, E., Hiessl, H., Hillebrand, T. (2002): Auswirkungen der Wassertechnologie-Entwicklungen auf Wasserbedarf und Gewässeremissionen im deutschen Teil des Elbegebietes. Frauenhofer-Institut für Systemtechnik und Innovationsforschung. – iWater Wassertechnik GmbH und Co. KG (2014): Grauwassernutzung. Broschüre zu ewuaqua. – Kerpen, J., Zapf, D. (2005/06): Grauwasserrecycling wirtschaftlich schon rentabel? Recyclinganlagen für Grauwasser: Qualitätsanforderungen, Verfahrensübersicht und Wirtschaftlichkeit. – Sartorius, C. (2007): Zukunftsmarkt Dezentrale Wasseraufbereitung und Regenwassermanagement. Fallstudie im Auftrag des Umweltbundesamtes.
4.2. Technische Durchführbarkeit	
Bitte erläutern Sie, dass die Voraussetzungen für die technische Durchführbarkeit der Ersatzaktivität gegeben sind.	Die Grau- und Regenwassernutzung ist generell ein etabliertes Verfahren. Es gibt bereits zahlreiche Praxisanwendungen der Grau- und Regenwassernutzung, die auch in der Literatur belegt sind. – Fachvereinigung Betriebs- und Regenwassernutzung e.V. (2007): Projektbeispiele zur Betriebs- und Regenwassernutzung – Öffentliche und gewerbliche Anlagen.

	– „Seit Jahren werden Anlagen z. B. in Hotels, Studierendenwohnheime, Sport- und Freizeiteinrichtungen zur vollsten Zufriedenheit und ohne Komfortverlust für die Nutzer betrieben." (fbr – Bundesverband für Betriebs- und Regenwasser e.V. (o.J.) Grauwassernutzung. Unter: https://www.fbr.de/themen/grauwassernutzung/ (zuletzt abgerufen am 29.04.2019) – Kerpen, J., Zapf, D. (2005/06): Grauwasserrecycling wirtschaftlich schon rentabel? Recyclinganlagen für Grauwasser: Qualitätsanforderungen, Verfahrensübersicht und Wirtschaftlichkeit.
4.3. Eignung unter Praxisbedingungen	
Umsetzende Institutionen/Gruppen	
In welchen Hoheitsbereich fällt der Einsatz der Ersatzaktivität in erster Instanz (Bund, Länder, beide oder andere)?	Die Grau- und Regenwassernutzung soll im Hoheitsbereich des Bundeslands Bremen eingesetzt werden.
Welche(s) Ressort(s) ist/sind für den Einsatz der Ersatzaktivität verantwortlich?	Verantwortlich für den Einsatz der Grau- und Regenwassernutzung ist die Senatorin/der Senator für Klimaschutz, Umwelt, Mobilität, Stadtentwicklung und Wohnungsbau in Bremen, Land Bremen.
Welche Institutionen/Gruppen sind noch an der praktischen Umsetzung beteiligt/von der praktischen Umsetzung betroffen?	– Land Bremen (Verwaltung der Grauwassernutzung, Installation für landeseigene Gebäude) – swb AG und Tochtergesellschaften – Wirtschaft (Installation) – Gesellschaft (Installation je Haushalt)
Verhaltensänderung Gruppen	
Erfordert die Umsetzung der Maßnahme Veränderungen, von denen auch BürgerInnen,	Ja, es sind bauliche Veränderungen erforderlich. In Privathaushalten und Hotels sollen Installationen der Grauwassernutzung, in öffentlichen

gesellschaftliche Gruppen, Wirtschaft etc. betroffen sind?	Gebäuden Installationen der Grau- und Regenwassernutzung erfolgen. Später sind ggf. Wartungen erforderlich.
Wie sollen diese direkt betroffenen Gruppen informiert werden?	Durch Poster, Broschüren, Bürgerforen.
Ist geplant, weitergehende Informationen für die Öffentlichkeit bereitzustellen/zu entwickeln?	Weitergehende Informationen sind nicht geplant.
4.4. Zielerreichungsgrad	
Zu wie viel Prozent können die sozioökonomischen Erfordernisse (siehe 2.), deren Sicherstellung die Ersatzaktivität dienen soll, durch diese ersetzt werden?	– Der Trinkwasserverbrauch in Bremen wird zu 27 % durch die Trinkwasserförderung des Trinkwasserverbandes Verden gedeckt (im Jahr 2013, Bremische Bürgerschaft 2015: 3). – Durch Grau- und Regenwassernutzung können diese 27 % des Wassergebrauchs in Bremen substituiert werden, da 27 % des Trinkwassers für Toilettenspülungen verwendet werden und hierfür Grau-/Regenwasser eingesetzt werden kann. Insofern beträgt der Zielerreichungsgrad 100%.
5. Umweltwirkungen	
Bitte erläutern Sie mögliche Auswirkungen der Ersatzaktivität auf die Wassergüter/Umwelt/Umweltgüter (Biodiversität etc.) und Ökosystemleistungen.	Die hypothetische Ersatzaktivität Grau- und Regenwassernutzung hat keine direkten Auswirkungen auf die Gewässer bzw. Grundwasserkörper. Sie ist eine mögliche Vorbedingung zum Trinkwasserentnahmestopp im WW Panzenberg (siehe Prüfkatalog Maßnahme, hypothetische Maßnahme „Trinkwasserentnahmestopp"). Es kommt zu einem leicht reduzierten Energieverbrauch durch geringere erforderliche Pumpleistungen aufgrund reduzierter Abwassermenge in den Kläranlagen. Demgegenüber steht bei der Grauwassernutzung ein erhöhter Stromverbrauch für die

	„Grauwasseraufbereitung inklusive Druckerhöhung / Einspeisung in das Betriebswassernetz. Dieser kann je nach verwendeter Technik zwischen 0,5 und 2 kWh pro Kubikmeter Betriebswasser liegen." Die dadurch entstehenden Energiekosten werden in den jährlichen Betriebskosten mitberücksichtigt (Ewuaqua (2011)). Eine Bewusstseinsbildung der Bevölkerung und ein ggf. bewussterer Umgang der Bevölkerung mit Wasser und Putzmitteln sind möglich. Ferner kommt es zu einem Ressourcenaufwand für die Herstellung der benötigten neuen Anlagen.
6. Direkte Kosten der Ersatzaktivität	
6.1 Öffentliche Hand/Staat/öffentliche Verwaltung	
a) Erfüllungsaufwand	
Personalaufwand	
Welche personalen Mittel sind in der Verwaltung erforderlich? Wenn möglich, stellen Sie diese bitte getrennt nach einzelnen Phasen der Umsetzung oder anderen Posten der Umsetzung der Ersatzaktivität dar (für Entwicklung und Einführung, Umsetzung und Koordination, Kontrolle, Übungszwecke, Betrieb und Unterhaltung).	– Für die Entwicklung der Umsetzung der Grau- und Regenwassernutzung (Vorlage für Senat, Abwicklung der Rechtsgrundlagen, Überlegungen zur Installation) entsteht Aufwand für 2 Stellen in Jahr 1. Berechnung: 1. Stelle: 1 Jahr Vollzeit, E 14 (Stufe 3): 126.885,20 € 2. Stelle: 1 Jahr Vollzeit, E 12 (Stufe 3): 123.854,90 € – Für die Einführung der Grau- und Regenwassernutzung (Gesetzgebung, Bürgerforen, Öffentlichkeitsarbeit) werden 2 Stellen in Jahr 1 benötigt.

	Berechnung: 1. Stelle: 1 Jahr Vollzeit, E 14 (Stufe 3): 126.885,20 € 2. Stelle: 1 Jahr Vollzeit, E 12 (Stufe 3): 123.854,90 € – Für die Umsetzung, Koordination, Kontrolle sowie Übungszwecke im Zusammenhang mit der Umsetzung der Grau- und Regenwassernutzung werden 5 Stellen ab Jahr 1 erforderlich (je 5 Jahre Vollzeit, E 8 (Stufe 3)). Berechnung: 5 Stellen je 5 Jahre Vollzeit, E 8 (Stufe 3): 5 * 88.102,30 € = 440.511,50 €/Jahr insgesamt: 5 Jahre * 440.511,50 € = 2.202.557,50 € – Für Betrieb und Unterhaltung für landeseigene Gebäude (Uni, Rathaus) der Grau- und Regenwassernutzung werden 3 Stellen (dauerhaft ab Jahr 1) erforderlich. Berechnung: 3 Stellen Vollzeit, E 9 (Stufe 3): 95.802,20 €/Stelle/Jahr Insgesamt: 3 * 95.802,20 € = 287.406,60 €/Jahr Die Berechnungen erfolgten auf Basis der Personalkostensätze gemäß dem Bundesministerium für Finanzen (2014).
Sachaufwand	
Welche Sachmittel sind in der Verwaltung erforderlich? Wenn möglich, stellen Sie diese bitte getrennt nach einzelnen Phasen der Umsetzung der Ersatzaktivität und anderen Posten dar (für Entwicklung und Einführung, Kontrolle, Übungszwecke, Betrieb und Unterhaltung, Investitionen	Es entsteht Sachaufwand für Poster und Broschüren. Dieser ist in den Personalkostensätzen für die Verwaltung enthalten. Für weiteren Sachaufwand werden zusätzlich jeweils 10 % für Sachmittel und externe Berater auf die Personenstellen addiert. Entsprechend der Vorgehensweise für den Bereich der Unternehmen erfolgt die Berechnung für die Installationen der Grau- und Regenwassernutzung für

für z. B. Flächenankäufe, Anpflanzungen, Entschädigungszahlungen).	landeseigene Gebäude mit mehr als 1.000 Mitarbeitern (Uni, Rathaus). Insgesamt wird für 3 Gebäude die Installation von Regenwasseraufbereitungsanlagen in Kombination mit den anderen Wasseraufbereitungsanlagen kalkuliert. Entsprechend dem Vorgehen im Fall der Unternehmen wird davon ausgegangen, dass Bau/Installation etc. an Fremdfirmen vergeben wird. Die Kosten werden anhand eines Fallbeispiels kalkuliert (Office World Weilimdorf: Nutzung für Toilettenspülung für 1.200-1.500 Angestellte sowie Bewässerung. Kosten 25.000 € laut Fachvereinigung Betriebs- und Regenwassernutzung e.V. 2007: 81). Auf Basis des Fallbeispiels wird von Investitionskosten je landeseigenem Gebäude mit mehr als 1.000 Mitarbeitern in Bremen von 25.000 € ausgegangen. Für die Abschreibung wird ein Zeitraum von 10 Jahren angesetzt. Die Kalkulation erfolgt für 3 Gebäude. Die Investitionskosten betragen insgesamt 3 * 25.000 € = 75.000 €. Der EA_A beträgt bei 10-jährigen Abschreibungen 7.500 €/Jahr. Hieraus ergibt sich folgender Sachaufwand der Verwaltung: – nur in Jahr 1: 57.648,02 € – in Jahr 1-5: 51.551,15 €/Jahr – in Jahr 6-10: 36.240,66 €/Jahr – ab Jahr 11 jährlich: 28.740,66 €/Jahr
b) Weitere direkte Kosten	
Welche weiteren direkten Kosten entstehen der Verwaltung (zum Beispiel Reduzierung von Gebühren und/oder Steuereinnahmen, Schäden, die infolge der Maßnahme entstehen)?	Durch die Grau- und Regenwassernutzung entstehen der Verwaltung keine weiteren direkten Kosten. Unter der Annahme, dass die Wasserentnahmegebühr und Abwasserabgabe die Umwelt- und Ressourcenkosten für die Erfüllung der Kostendeckung der Wasserdienstleistungen

	internalisieren, gehen die reduzierten Einnahmen mit entsprechend geringeren Kosten einher und sind daher nicht aufgeführt.
6.2 Wirtschaft	
a) Erfüllungsaufwand	Wenn möglich, stellen Sie diesen bitte getrennt nach einzelnen Phasen der Maßnahme (für Entwicklung und Einführung, Kontrolle, Übungszwecke, Betrieb und Unterhaltung) dar. Differenzieren Sie die Kosten bitte zusätzlich nach: – Produktionsmengeneinschränkungen (EA_U) – erforderlichen Abgaben (EA_{AB}) – entstehenden Informationspflichten – entstehenden sonstigen Pflichten – Änderungen im Betriebsablauf – Änderungen bei der Quantität oder Qualität der Inputs wie mehr oder höher qualifizierte Arbeit (EA_{LK}) – Änderungen bei der Quantität oder Qualität der Vorleistungen wie dem Einsatz von weiterzuverarbeitenden Waren (EA_{VL}) – Abschreibungen aufgrund von Investitionen für z. B. Flächenankäufe (EA_A) – zusätzliche Aktivitäten, z. B. Entschädigungszahlungen
Personalaufwand	
Welche personalen Mittel sind in der Wirtschaft erforderlich?	Die Kalkulation erfolgt aus Gründen der Durchführbarkeit nur für Unternehmen mit mehr als 1.000 Mitarbeitern in Bremen, betroffen sind laut Auskunft des Statistischen Landesamtes Bremen (2016) 15 Unternehmen.

	Es entstehen je Unternehmen mit mehr als 1.000 Mitarbeitern Lohnkosten EA_{LK} für 1 Person in Vollzeit für Wartung, Kontrolle, Arbeitsschutz und Gewerbeaufsicht. Die Lohnkosten werden analog zu den in der Verwaltung entstehenden Lohnkosten kalkuliert, d. h. entsprechend E 9 (Stufe 3). Berechnung: Kosten je Stelle Vollzeit, E 9 (Stufe 3): 95.802,20 €/Stelle/Jahr Berechnung: 15 * 95.802,20 € = 1.437.033 €/Jahr
Sachaufwand	
Welche Sachmittel sind in der Wirtschaft erforderlich?	– Der Mehraufwand wegen des negativen Effektes auf Kläranlagen aufgrund einer höheren Schmutzbelastung wird annahmegemäß durch Energieeinsparungen aufgrund geringerer Pumpleistungen ausgeglichen, daher werden hierfür 0 € kalkuliert. – Der Bau und die Installation von Regenwasseraufbereitungsanlagen in Kombination mit den anderen Wasseraufbereitungsanlagen wird für Unternehmen mit mehr als 1.000 Mitarbeitern in Bremen berechnet. Es wird davon ausgegangen, dass der Bau/die Installation etc. an Fremdfirmen vergeben wird. Die Kosten werden anhand eines Fallbeispiels kalkuliert (Office World Weilimdorf: Nutzung für Toilettenspülung für 1.200-1.500 Angestellte sowie Bewässerung. Kosten: 25.000 € laut Fachvereinigung Betriebs- und Regenwassernutzung e.V. 2007: 81). Auf Basis des Fallbeispiels wird von Investitionskosten je Betrieb mit mehr als 1.000 Mitarbeitern in Bremen von 25.000 € ausgegangen. Für die Abschreibung wird ein Zeitraum von 10 Jahren

	angesetzt. Die Kalkulation erfolgt für 15 Unternehmen. Die Investitionskosten betragen insgesamt 15 * 25.000 € = 375.000 €. Der EA_A beträgt bei 10-jährigen Abschreibungen 37.500 €/Jahr. – Für die Kalkulation der Kosten für die Hotelbetriebe in Bremen wird zunächst die Anzahl der Hotelbetriebe ermittelt. In der Stadt Bremen gibt es 89 Hotelbetriebe (im Jahr 2014, Statistisches Landesamt Bremen 2015: 148). Für die Investitionskosten der Grauwasseranlagen für Hotelbetriebe werden die von Kerpen und Zapf (Kerpen, J., Zapf, D. 2005/06: 92) ermittelten Kosten von 24.500 €/Hotel angesetzt. Für 89 Hotelbetriebe entstehen somit Investitionskosten von insgesamt 2.180.500 €. Bei einer Abschreibung laut Kerpen und Zapf (2005/06) von 10 Jahren entsteht den Hotels insgesamt ein EA_A von 218.050 €/Jahr (2.450 €/Hotel/Jahr). Laut Kerpen und Zapf (2005/06) entstehen Betriebskosten von 279 €/Hotel/Jahr. Für 89 Hotels sind das insgesamt 24.831 €/Jahr.
b) Weitere direkte Kosten	
Welche weiteren direkten Kosten entstehen der Wirtschaft (zum Beispiel Schäden, die infolge der Maßnahme entstehen, wie die Vernässung von Flächen)?	Durch die Grau- und Regenwassernutzung entstehen der Wirtschaft keine weiteren direkten Kosten.
6.3 Privatpersonen, Vereine und Verbände	
a) Erfüllungsaufwand	
Welcher Aufwand entsteht Privatpersonen, Vereinen und Verbänden?	Es entsteht ein Erfüllungsaufwand für Privatpersonen. In der Stadt Bremen leben 557.464 Einwohner (Stand 31.12.15, Statistisches Landesamt Bremen 2016: 10), die sich auf insgesamt 307.578 Haushalte verteilen (2015, Statistisches Landesamt Bremen 2017). Die Abwassermenge je

	Einwohner beträgt 121 Liter (seit 2011, Statistisches Landesamt Bremen 2016: 47). Es wird von folgender Verteilung des Trinkwassergebrauchs in Bremen, entsprechend den deutschen Haushalten insgesamt (Böhm et al. 2002: 27 f.), ausgegangen: – 36 % Baden/Duschen/Körperpflege (anfallendes Grauwasser) – 27 % Toilettenspülung; dieses Wasser kann eingespart werden Folgender Aufwand entsteht den Bremer Haushalten: Sachaufwand für die Anlagen (Berechnung nach Kerpen & Zapf 2005/06), der sich zusammensetzt aus Investitionskosten von 5.090 €/Haushalt, wodurch Investitionskosten von insgesamt 5.090 € * 307.578 Haushalte = 1.565.572.020 € entstehen. Hinsichtlich des jährlichen Sachaufwandes für die Anlagen wird von 10 Jahren Abschreibung ausgegangen. Daraus ergibt sich ein EA_A von 156.557.202 €/Jahr (bzw. 509 €/Haushalt/Jahr). Die Betriebskosten betragen 59 €/Haushalt/Jahr (Kerpen & Zapf 2005/06). Für 307.578 Haushalte entstehen somit Betriebskosten von 59 € * 307.578 Haushalte = 18.147.102 €/Jahr. Bei Mietwohnungen wird von einer kompletten Verlagerung der Kosten auf die Privathaushalte (inkl. Mieter) ausgegangen.
b) Weitere direkte Kosten	
Welche weiteren direkten Kosten entstehen Privatpersonen, Vereinen und Verbänden (zum Beispiel durch den Abbau von Arbeitsplätzen oder Preissteigerungen)?	Durch die Grau- und Regenwassernutzung entstehen den Privatpersonen, Vereinen und Verbänden keine weiteren direkten Kosten.

7. Negative wirtschaftliche Effekte	
7.1 Staatseinnahmen, -ausgaben	
a) Folgen des Erfüllungsaufwandes	Bitte übernehmen Sie die jährlichen unmittelbaren Kosten der Verwaltung anhand Ihrer Angaben in 6.1 (Personalkostensätze gemäß Bundesministerium der Finanzen).
Erfordert der Personalaufwand eine Erhöhung der Arbeitskapazität der Verwaltung?	Ja, alle unter 6.1 aufgeführten Stellen werden neu geschaffen.
Wenn ja, wie viel Prozent des Personalaufwands beziehen sich auf diese Kapazitätserhöhung?	Alle unter 6.1 aufgeführten Stellen bestehen aus einer 100%igen Kapazitätserhöhung.
Um die mit der Maßnahme verbundene Erhöhung der Staatsausgaben zu ermitteln, addieren Sie bitte den Sachaufwand und den Anteil des Personalaufwands.	Die Kosten des Personal- und Sachaufwandes betragen: – nur in Jahr 1: 559.128,22 € – in Jahr 1-5: 492.062,65 €/Jahr – in Jahr 6-10: 323.647,26 €/Jahr – ab Jahr 11: 316.147,26 €
b) Folgen der weiteren direkten Kosten	
Wie verändern sich die Staatseinnahmen infolge der weiteren direkten Kosten (z. B. durch Steuern oder Gebühren)? Bitte übernehmen Sie die *weiteren direkten Kosten* der Verwaltung aus 6.1 b) und berechnen so den Rückgang der Staatseinnahmen insgesamt.	Da keine weiteren direkten Kosten entstehen, kommt es zu keinem Rückgang der Staatseinnahmen infolge der weiteren direkten Kosten.

7.2 Bruttowertschöpfung, Beschäftigung und Preise	
a) Änderung der Bruttowertschöpfung	
Bitte berechnen Sie die ggf. resultierenden Änderungen der Bruttowertschöpfung.	– Hinsichtlich der Unternehmen (> 1.000 Mitarbeitern) kann davon ausgegangen werden, dass es zu keinen Überwälzung kommt. Da es zu keinen Anpassungsreaktionen kommt, bleibt die Bruttowertschöpfung gleich. – Bei den Hotels ist von einer Überwälzung der Kosten auf die Gäste auszugehen. Die Bruttowertschöpfung im Gastgewerbe steigt somit. Die Bruttowertschöpfung des Gastgewerbes im Bundesland Bremen betrug im Jahr 2013 351 Mio. € (Quellen: dwif, BTZ-Monitoring 2017, Statistisches Landesamt Bremen 2017) Berechnung: (24.831 € + 218.050 €) / 351 Mio. € = 0,00069 % Die BWS des Gastgewerbes in Bremen ändert sich um 0,00069 %.
b) Änderung der Beschäftigung	
Bitte berechnen Sie die ggf. resultierenden Änderungen der Beschäftigung und verweisen auf die Darstellung der Eingruppierungen bzw. erwarteten entstehenden Lohnkosten.	Es kommt zu einer Zunahme der Beschäftigung. Es werden 4 Neueinstellungen Vollzeit für ein Jahr, 5 Neueinstellungen Vollzeit für 5 Jahre und 3 Neueinstellungen Vollzeit dauerhaft in der öffentlichen Verwaltung vorgenommen. Die Eingruppierung der Neueinstellungen in der öffentlichen Verwaltung ist unter 6.1 Öffentliche Hand/Staat/öffentliche Verwaltung a) Erfüllungsaufwand – Personalaufwand dargestellt. Es werden 15 Neueinstellungen Vollzeit dauerhaft in den Unternehmen vorgenommen. Die zu erwartenden Lohnkosten sind unter 6.2 Wirtschaft a) Erfüllungsaufwand – Personalaufwand dargestellt.

c) Änderung der Preise	
Bitte berechnen Sie die ggf. resultierenden Änderungen der Preise.	Es kommt zu einer Änderung bei den Hotelpreisen. Die Kosten der Hotels setzen sich aus den jährlichen Abschreibungen und Betriebskosten zusammen. Berechnung: 2.729 € * 89/96.026.316 € = 0,002529 % Die Hotelpreise in Bremen ändern sich um 0,0025 %.
8. Volkswirtschaftliche Kosten	
a) der Veränderung des staatlichen Budgets	
Bitte ermitteln Sie die jährlichen volkswirtschaftlichen Kosten der Ersatzaktivität, die aus der Veränderung des staatlichen Budgets resultieren.	Die Kosten des Personal- und Sachaufwandes werden mit dem Faktor 1,26 multipliziert, um die Zusatzlast der Finanzierung zu berücksichtigen (in Anlehnung an eine Berechnung des Finanzwissenschaftlichen Forschungsinstituts an der Universität zu Köln ist die Zusatzlast der Finanzierung mit 26% anzusetzen). Die Veränderung des staatlichen Budgets beträgt somit: – nur in Jahr 1: 559.128,22 € * 1,26 = 704.501,56 € – in Jahr 1-5: 492.062,65 €/Jahr * 1,26 = 619.998,94 € – in Jahr 6-10: 323.647,26 €/Jahr * 1,26 = 407.795,55 € – ab Jahr 11: 316.147,26 € * 1,26 = 398.345,55 €
b) der Abnahme der Einkommen aus Unternehmertätigkeit und Vermögen	
Bitte ermitteln Sie die jährlichen volkswirtschaftlichen Kosten der Ersatzaktivität, die aus der Abnahme der Einkommen aus Unternehmertätigkeit und Vermögen resultieren.	Wenn die Personalkosten und Investitionskosten der Unternehmen nicht überwälzt werden, nehmen die Einkommen aus Unternehmertätigkeit und Vermögen genau in dieser Höhe ab. Die gesamtwirtschaftlichen Kosten betragen somit:

	jährliche Abschreibung der Investitionskosten 37.500 €/Jahr (Jahr 1-10) + jährliche Lohnkosten EA_{LK} 1.437.033 €/Jahr − Jahr 1-10 = 1.474.533 €/Jahr − Ab Jahr 11 = 1.437.033 €/Jahr
c) der Änderung der Beschäftigung	
Bitte ermitteln Sie die jährlichen volkswirtschaftlichen Kosten der Ersatzaktivität, die aus der Änderung der Beschäftigung resultieren.	Es ist davon auszugehen, dass Neueinstellungen der Arbeitnehmer aus einer anderen Beschäftigung heraus erfolgen. Deshalb erfolgen Umstrukturierungen auf dem Arbeitsmarkt. Die Opportunitätskosten entsprechen in Jahr 1 der Höhe der Lohnkosten plus 14 % der Lohnkosten zur Personalbeschaffung und Einarbeitung und ab Jahr 2 den Lohnkosten. Die jährlichen volkswirtschaftlichen Kosten der Neueinstellungen der öffentlichen Hand/des Staates/der öffentlichen Verwaltung betragen: Jahr 1: − 2 Stellen Vollzeit, E 14 (Stufe 3): 2 * 126.885,20 € * 1,14 = 289.298,26 € − 2 Stellen Vollzeit, E 12 (Stufe 3): 2 * 123.854,90 € * 1,14 = 282.389,17 € − 5 Stellen Vollzeit, E 8 (Stufe 3): 5 * 88.102,30 € * 1,14 = 502.183,11 € − 3 Stellen Vollzeit, E 9 (Stufe 3): 3 * 95.802,20 € * 1,14 = 327.643,52 € Jahr 2-5: − 5 Stellen Vollzeit, E 8 (Stufe 3): 5 * 88.102,30 € = 440.511,50 €/Jahr Ab Jahr 2: − 3 Stellen Vollzeit, E 9 (Stufe 3): 3 * 95.802,20 € = 287.406,60 €/Jahr

	Die jährlichen volkswirtschaftlichen Kosten der Neueinstellungen in den Unternehmen betragen: Jahr 1: – 1 Stelle Vollzeit * 15 Unternehmen, Lohnkosten EA_{LK} analog zur Verwaltung, 15 * 95.802,20 € * 1,14 = 1.638.217,62 € Ab Jahr 2: – 1 Stelle Vollzeit * 15 Unternehmen, Lohnkosten EALK analog zur Verwaltung, 15 * 95.802,20 € = 1.437.033 €/Jahr
d) der Änderung der Preise	
Bitte ermitteln Sie die jährlichen volkswirtschaftlichen Kosten der Ersatzaktivität, die aus der Änderung der Preise resultieren.	Die volkswirtschaftlichen Kosten der Preiserhöhung berechnen sich folgendermaßen: Ausgangsmenge * Ausgangspreis * relative Preisänderung * (1 + e/2 * relative Preisänderung) Es wird die Annahme getroffen, dass es zu keiner Änderung der Nachfrage kommt. Die Preiserhöhung entspricht somit der Höhe des Umsatzes. Berechnung: – Preisänderung bei den Hotels = 2.729 € * 89 = 242.881 €/Jahr.
e) Weitere volkswirtschaftliche Kosten	
Bitte geben Sie weitere volkswirtschaftliche Kosten (als Folge negativer Umweltwirkungen oder von Zwangsausgaben privater Haushalte) an.	Die privaten Haushalte sind von Zwangsausgaben durch Investitionen für die Grauwassernutzung betroffen. Die Investitionskosten der privaten Haushalte betragen insgesamt: 5.090 € * 307.578 Haushalte = 1.565.572.020 € Somit beträgt der jährliche Sachaufwand für die Anlagen (EA_A) bei 10 Jahren Abschreibung: 509 € * 307.578 Haushalte = 156.557.202 €/Jahr.

	Die Betriebskosten betragen für die privaten Haushalte insgesamt 59 €/Haushalt/Jahr. Für 307.578 Haushalte ergeben sich daraus 18.147.102 €/Jahr.
9. Finanzielle Belastungen privater Wirtschaftssubjekte	
9.1 Finanzielle Belastungen von Unternehmen	
Bitte berechnen Sie die finanziellen Belastungen von Unternehmen.	Die jeweiligen Wirtschaftsbereiche müssen für ihre Kosten aufkommen. (Berechnung auf der Basis von 6.2) Annahme: Unternehmen mit mehr als 1.000 Mitarbeitern stellen je 1 Person in Vollzeit für Wartung, Kontrolle, Arbeitsschutz und Gewerbeaufsicht ein: Finanzielle Belastung der Unternehmen hierdurch: 1.437.033 €/Jahr (95.802,20 €/Jahr und Unternehmen). Jedes Unternehmen mit mehr als 1.000 Mitarbeitern hat ferner Ausgaben von 25.000 € einmalig als Investitionskosten. Somit beträgt die finanzielle Belastung der Unternehmen mit mehr als 1.000 Mitarbeitern unter der vereinfachenden Annahme, dass die Investition vollständig in Jahr 1 getätigt wird, in Jahr 1 1.812.033 € (120.802,20 € je Unternehmen). Ab Jahr 2 entspricht die finanzielle Belastung der Unternehmen den Kosten der für Wartung, Kontrolle, Arbeitsschutz und Gewerbeaufsicht eingestellten Person: 1.437.033 €/Jahr (95.802,20 €/Jahr und Unternehmen). Den 89 Hotelbetrieben entstehen Investitionskosten von insgesamt 2.180.500 € (24.500 €/Hotel). Außerdem entstehen den Hotels Betriebskosten von insgesamt 24.831 €/Jahr (279 €/Hotel und Jahr). Somit beträgt die finanzielle Belastung der 89 Hotelbetriebe in Jahr 1 2.205.331 € (24.779 € je Hotel). Ab Jahr 2 entspricht die finanzielle Belastung der Hotels; Betriebskosten: 24.831 €/Jahr (279 €/Hotel und Jahr).

	Insgesamt ergibt dies eine finanzielle Belastung der Bremer Unternehmen (inklusive Hotels) von 4.017.364 € in Jahr 1 und 1.461.864 € ab Jahr 2. Es sind keine Subventionierungen geplant, es können aber ggf. öffentliche Mittel dafür eingesetzt werden.
9.2 Finanziellen Belastungen von Privatpersonen, Vereinen und Verbänden	
Bitte berechnen Sie die finanziellen Belastungen von Privatpersonen, Vereinen und Verbänden.	Die finanziellen Belastungen von Privatpersonen, Vereinen und Verbänden ergeben sich aus der Installation je Haushalt. Die Haushalte sind von Zwangsausgaben durch Investitionen für die Grauwassernutzung betroffen. Bei Mietwohnungen wird von einer kompletten Verlagerung der Kosten auf die Privathaushalte (inkl. Mieter) ausgegangen. Es entstehen Investitionskosten von insgesamt 1.565.572.020 € für die 307.578 Bremer Haushalte (5.090 €/Haushalt). Die Betriebskosten betragen für diese 307.578 Haushalte 18.147.102 €/Jahr (59 €/Haushalt/Jahr). Somit beträgt unter der vereinfachenden Annahme, dass die Investition vollständig in Jahr 1 getätigt und auch auf die Mieter umgelegt wird, die finanzielle Belastung der Bremer Haushalte in Jahr 1 insgesamt 1.583.719.122 € (5.149 € je Haushalt). Ab Jahr 2 entspricht die finanzielle Belastung den Betriebskosten für die 307.578 Haushalte, d. h. 18.147.102 €/Jahr (59 €/Haushalt/Jahr). Es sind keine Subventionierungen geplant, es können aber ggf. öffentliche Mittel dafür eingesetzt werden.

10. Positive wirtschaftliche Effekte	
10.1 Positive Effekte für die öffentliche Hand/Staat/öffentliche Verwaltung	
Bitte geben Sie an, welche positiven Effekte die Ersatzaktivität für die öffentliche Hand/Staat/öffentliche Verwaltung hat.	In Bezug auf die landeseigenen Gebäude, die auf Grau- und Regenwasser umgerüstet werden, kommt es zu Einsparungen von Trinkwasser- und Abwassergebühren sowie Niederschlagswassergebühren.
10.2 Positive Effekte für die Wirtschaft	
Bitte geben Sie an, welche positiven Effekte die Ersatzaktivität für die Wirtschaft hat.	– Es wird weniger Trinkwasser bezogen sowie Abwasser eingespart. Berechnet wird, dass ein Teil der Abwasserabgaben der betrachteten großen Unternehmen (> 1.000 Mitarbeiter) in Bremen entfällt. Die Unternehmen können durch die Einsparung von Abwasser einen Teil der Abwasserabgaben und Niederschlagswassergebühren reduzieren. Es wird die vereinfachende Annahme getroffen, dass der Wasserverbrauch pro Person im Haushalt und Mitarbeiter in Unternehmen gleich hoch sind. 27 % von 121 Litern Wasserverbrauch pro Person und Tag entfallen auf die Toilettenspülung. Das sind 32,67 Liter pro Person und Tag, für die Grauwasser verwendet werden kann. – In der Stadt Bremen gibt es 89 Hotelbetriebe, die 9.911 Betten anbieten. Die durchschnittliche Bettenauslastung beträgt 41,9 % (alle Werte bezogen auf 2014, siehe Statistisches Jahrbuch Bremen 2015: 148), somit gibt es 4.153 Hotelgäste insgesamt in Bremen/Tag. Die Hotelbetriebe können im Rahmen der Versorgung der 4.153 Gäste/Tag einen Teil des Trinkwasserbezugs und des Abwassers einsparen.

10.3 Positive Effekte für Privatpersonen, Vereine und Verbände	
Bitte geben Sie an, welche positiven Effekte die Ersatzaktivität für Privatpersonen, Vereine und Verbände hat.	Privatpersonen, Vereine und Verbände sparen Trinkwasser- und Abwasserkosten.
11. Übersicht	11. Bitte füllen Sie den Ergebnisteil durch Übertragung der Ergebnisse aus dem Prüfkatalog aus. Um Scheingenauigkeiten zu vermeiden, sind ermittelte Zahlen nach Abschluss der Berechnungen sachgerecht zu runden. **Sozioökonomische Erfordernisse** 11.1 Die Ersatzaktivität erfüllt folgende sozioökonomische Erfordernisse: die Grau- und Regenwassernutzung in Bremen dient der Sicherstellung der Trinkwasserversorgung in Bremen als Daseinsvorsorge. **Zeithorizont** 11.2 Die Ersatzaktivität kann ab folgendem Zeitpunkt und/oder in folgendem Zeitraum umgesetzt werden: ab sofort (Annahme zum Zeitpunkt der Prüfung im Jahr 2018), vollständige Umsetzung nach 5 Jahren. **Sozioökonomische Zielsetzung** 11.3 Die Ersatzaktivität ist theoretisch geeignet: Ja 11.4 Die Ersatzaktivität ist technisch durchführbar: Ja 11.5 Die Ersatzaktivität fällt in folgenden Hoheitsbereich in erster Instanz: Bundesland Bremen.

11.6 Folgende Ressort(s) sind für die Ersatzaktivität verantwortlich: Senatorin für Klimaschutz, Umwelt, Mobilität, Stadtentwicklung und Wohnungsbau in Bremen, Land Bremen.
11.7 Folgende Institutionen sind beteiligt: Land Bremen, swb AG und Tochtergesellschaften, Wirtschaft, Gesellschaft (private Haushalte)
11.8 Folgende Verhaltensänderung ist erforderlich: Installation von Grau- und Regenwasseranlagen.
11.9 Die Information der BürgerInnen erfolgt über Poster, Broschüren, Bürgerforen.

Umweltwirkungen
11.10 Die Ersatzaktivität hat folgende Auswirkungen auf Wassergüter/Umwelt/Umweltgüter (Biodiversität etc.) und Ökosystemleistungen: keine direkten Auswirkungen auf Gewässer bzw. Grundwasserkörper, Ressourcenaufwand für die Herstellung der benötigten neuen Anlagen, ggf. negative Effekte auf Kläranlagen, Bewusstseinsbildung, Effekte auf Energieverbrauch.

Direkte Kosten
Aufwand öffentliche Hand/Staat/öffentliche Verwaltung
11.11 Die Kosten des Personalaufwandes liegen in Jahr 1 bei 501.480 €, in Jahr 1-5: 440.512 €/Jahr, jährlich: 287.407 €/Jahr.
11.12 Die Kosten des Sachaufwandes liegen in Jahr 1 bei 57.648 €, in Jahr 1-5: 51.551 €/Jahr, in Jahr 6-10: 36.241 €/Jahr, ab Jahr 11: 28.741 €/Jahr.
11.13 Weitere direkte Kosten betragen 0 €.

Aufwand Wirtschaft
11.14 Die Kosten des Personalaufwandes liegen bei 1.437.033 €/Jahr für die Unternehmen > 1.000 Mitarbeiter in Bremen.
11.15 Die Kosten des Sachaufwandes liegen in Jahr 1-10 bei EA_A Unternehmen 37.500 €/Jahr + EA_A Hotelbetriebe 218.050 €/Jahr + Betriebskosten Hotelbetriebe 24.831 €/Jahr = 280.381 €/Jahr; ab Jahr 11: Betriebskosten Hotelbetriebe = 24.831 €/Jahr
11.16 Weitere direkte Kosten betragen 0 €.

Aufwand Privatpersonen, Vereine und Verbände
11.17 Die Kosten des Aufwandes liegen in Jahr 1-10 bei EA_A Haushalte 156.557.202 €/Jahr + Betriebskosten Haushalte 18.147.102 €/Jahr = 174.704.304 €/Jahr;
ab Jahr 11: Betriebskosten Haushalte = 18.147.102 €/Jahr.
11.18 Weitere direkte Kosten betragen 0 €.

Negative wirtschaftliche Effekte
11.19 Die mit der Ersatzaktivität verbundene Erhöhung der Staatsausgaben beträgt in Jahr 1: 559.128 €; in Jahr 1-5: 492.063 €/Jahr, in Jahr 6-10: 323.647 €/Jahr und ab Jahr 11: 316.148 €/Jahr.
11.20 Die Folgen der weiteren direkten Kosten betragen: 0 €.
11.21 Für die resultierenden Änderungen der Bruttowertschöpfung, der Beschäftigung und der Preise gilt: Bei den Unternehmen findet keine Überwälzung der Kosten statt. Die Gewinne der Unternehmen gehen daher zurück. Die Hotels überwälzen ihre Kosten an die Kunden, die Bruttowertschöpfung im Gastgewerbe steigt damit um 0,00069 %. Es

kommt zu einer Zunahme der Beschäftigung in der öffentlichen Verwaltung und der Unternehmen. Es kommt zu einer Zunahme bei den Hotelpreisen um 0,0025 %.

Volkswirtschaftliche Kosten
11.22 der Änderung des staatlichen Budgets liegen bei 704.502 € in Jahr 1 + 619.999 €/Jahr in Jahr 1-5 + 407.796 in Jahr 6-10 + 398.346 €/Jahr jährlich.
11.23 der Abnahme der Einkommen aus Unternehmertätigkeit und Vermögen liegen bei: 1.474.533 €/Jahr in Jahr 1-10 und 1.437.033 €/Jahr ab Jahr 11.
11.24 des Beschäftigungsrückgangs liegen bei: Zusatzkosten der Personalbeschaffung und Einarbeitung von 172.116 € beim Staat und 201.185 € bei den Unternehmen jeweils in Jahr 1.
11.25 des Preisanstiegs liegen bei 242.881 €/Jahr.
11.26 Weitere volkswirtschaftliche Kosten haben private Haushalte in Jahr 1-10 in Form von Abschreibungen in Höhe von 156.557.202 €/Jahr und dauerhafte Betriebskosten in Höhe von 18.147.102 €/Jahr.
11.27 Die Gegenwartswerte der volkswirtschaftlichen Kosten der Ersatzaktivität betragen für <u>30</u> Jahre insgesamt 1.852.453.206 €.

Finanzielle Belastungen der Wirtschaftssubjekte
11.28 Die finanziellen Belastungen Bremer Unternehmen inklusive Hotels betragen insgesamt 4.017.364 € in Jahr 1 und 1.461.864 € ab Jahr 2.
11.29 Die finanziellen Belastungen von Privatpersonen, Vereinen und Verbänden betragen unter der vereinfachenden Annahme, dass die

	Investition vollständig in Jahr 1 getätigt und auch auf die Mieter umgelegt wird, in Jahr 1 insgesamt 1.583.719.122 € (5.149 € je Haushalt); ab Jahr 2: 18.147.102 €/Jahr (59 €/Haushalt/Jahr). **Positive wirtschaftliche Effekte der Maßnahme** 11.30 Die positiven wirtschaftlichen Effekte für öffentliche Hand/Staat/öffentliche Verwaltung sind: Einsparung von Trinkwasser- und Abwassergebühren. 11.31 Die positiven wirtschaftlichen Effekte für die Wirtschaft sind: Einsparung von Trinkwasser, Reduktion der Abwasser- und Niederschlagswassergebühren. 11.32 Die positiven wirtschaftlichen Effekte für Privatpersonen, Vereine und Verbände sind Einsparungen von Abwasser- und Trinkwasserkosten: 19.798.796 €/Jahr eingesparte Abwasserkosten und 14.159.190 €/Jahr eingesparte Trinkwasserkosten aller Haushalte in Bremen.			
12. Zusammenfassung: Kosten und positive Effekte	Die Ersatzaktivität substituiert die ursprüngliche menschliche Nutzung zu.	Volkswirtschaftliche Kosten inkl. monetarisierter negativer Umweltwirkungen	Nicht monetarisierte negative Umweltwirkungen	Positive wirtschaftliche Effekte und positive Umweltwirkungen
	100 %	1.852.453.206 € für 30 Jahre	Ressourcenaufwand für	Einsparung von Trinkwasser- und

	mit einer Diskontrate von 2 %	die Herstellung der benötigten neuen Anlagen, ggf. negative Effekte auf Kläranlagen, Energieverbrauch	Abwassergebühren für die öffentliche Hand/Staat/öffentliche Verwaltung. Einsparung von Trinkwasser, Reduktion der Abwasser- und Niederschlagswassergebühren für die Wirtschaft; Einsparungen von Abwasser- und Trinkwasserkosten für Privatpersonen, Vereine und Verbände von insgesamt ca. 33.957.986 €/Jahr für alle Haushalte in Bremen. Es gibt lediglich geringe positive Umwelteffekte in Form etwas geringeren Energieverbrauchs, eventuell Bewusstseinsbildung der Bevölkerung.

Quelle: Eigene Darstellung.

Zusammenfassung der Ergebnisse

Die Trinkwasserversorgung in Bremen wird zu 27 % durch die Trinkwasserförderung des Trinkwasserverbandes Verden gedeckt (im Jahr 2013, Bremische Bürgerschaft 2015: 3). Im Fall der Einstellung der Trinkwasserförderung und -lieferung des TV Verden muss dieser Anteil ersetzt werden, um die Trinkwasserversorgung in Bremen weiterhin sicherzustellen. Eine Möglichkeit, das Trinkwasser aus dem LK Verden zu ersetzen, ist die Gewinnung und Nutzung von Grau- und Regenwasser, was den Trinkwasserverbrauch in Bremen reduziert. Grauwasser ist der Teil des Abwassers, der beim Baden, Duschen, Hände- und Wäschewaschen anfällt und lediglich leicht belastet ist (Deutsches Institut für Normung 2001: Norm DIN EN 12056-1). Änderungen in Hausinstallationen wie neue Leitungen (eigenes Rohrnetz) und der Bau von Aufbereitungsanlagen, Speicherbecken sowie die Installation von zusätzlichen Wasserzählern pro Haushalt/Unternehmen/landeseigenem Gebäude sind dafür notwendig (Kerpen & Zapf 2005/06). Im Rahmen der vorliegenden Bewertung werden Kombinationsanlagen für die Grau- und Regenwassernutzung ausschließlich für Unternehmen mit mehr als 1000 Mitarbeitern in der Stadt Bremen betrachtet. In allen anderen Fällen wird eine „Grauwassernutzung" zugrunde gelegt.

Die Ersatzaktivität Grau- und Regenwassernutzung ersetzt die Trinkwasserförderung im WW Panzenberg für den Bremer Bedarf zu 100 %, da angenommen werden kann, dass 27 % des Trinkwassers für Toilettenspülungen verwendet wird (Böhm et al. 2002: 27 f.). Für die Berechnung wird angenommen, dass der Einsatz der Ersatzaktivität sofort erfolgt. Der Betrachtungszeitraum beträgt 30 Jahre. Verglichen mit der Trinkwasserentnahme ist von wesentlich geringeren nachteiligen Auswirkungen auf die Umwelt infolge der Grau- und Regenwassernutzung auszugehen. Direkte Auswirkungen auf Gewässer bzw. Grundwasserkörper werden nicht erwartet. Es ist jedoch ein Ressourcenaufwand für die Herstellung der benötigten neuen Anlagen erforderlich und ggf. kommt es zu negativen Effekten auf Kläranlagen. Die Maßnahme kann ferner Effekte auf den Energieverbrauch haben. Positive Effekte können durch eine Bewusstseinsbildung der Bevölkerung entstehen.

An der Umsetzung ist das Land Bremen beteiligt, wobei die Senatorin/der Senator für Klimaschutz, Umwelt, Mobilität, Stadtentwicklung und Wohnungsbau in Bremen verantwortlich für die Ersatztätigkeit ist. Für die Durchführung ist eine Verhaltensänderung von gesellschaftlichen Gruppen, und zwar dem Land Bremen, der Wirtschaft und Zivilgesellschaft, erforderlich. Diese soll durch die Bereitstellung von Postern, Broschüren und der Einrichtung von Bürgerforen unterstützt werden.

Der öffentlichen Hand, der Wirtschaft (Hotels, Unternehmen > 1.000 Mitarbeitern[15]) sowie Privatpersonen, Vereinen und Verbänden entstehen durch die Grau- und Regenwassernutzung Kosten in Form von Personalaufwand, Sachkosten (Installationen) und Betriebskosten. Diese haben Auswirkungen auf die Staatsausgaben, Bruttowertschöpfung, Beschäftigung und Preise.

Es ergeben sich folgende volkswirtschaftliche Kosten:

Die Veränderung des staatlichen Budgets beträgt 704.502 € nur in Jahr 1, 619.999 €/Jahr in Jahr 1-5, 407.796 €/Jahr in Jahr 6-10 und 398.346 €/Jahr in den Folgejahren. In Jahr 1 werden jeweils 2 Stellen für die Entwicklung der Umsetzung der Grau- und Regenwassernutzung sowie für die Einführung der der Grau- und Regenwassernutzung (Gesetzgebung, Bürgerforen, Öffentlichkeitsarbeit; jeweils E 12 und E 14) geschaffen. Ab Jahr 1 sind für 5 Jahre für die Umsetzung, Koordination, Kontrolle sowie Übungszwecke im Zusammenhang mit der Umsetzung der Grau- und Regenwassernutzung 5 Stellen erforderlich (Vollzeit, E 8 (Stufe 3)). Für Betrieb und Unterhaltung für landeseigene Gebäude der Grau- und Regenwassernutzung werden 3 Stellen (dauerhaft ab Jahr 1) erforderlich. Im Bereich des Sachaufwandes entstehen in Jahr 1-10 Abschreibungen der Investitionskosten und dauerhaft Betriebskosten. Die Abnahme der Einkommen aus Unternehmertätigkeit und Vermögen bei den Unternehmen beträgt 1.474.533 €/Jahr in Jahr 1-10 und 1.437.033 €/Jahr ab Jahr 11. Als Auswirkungen der Änderung der

---

[15] Aus Gründen der Datenverfügbarkeit wurden nur Unternehmen mit mehr als 1.000 Mitarbeitern und Hotels in der Betrachtung berücksichtigt.

Beschäftigung ergeben sich beim Staat in Jahr 1 Zusatzkosten der Personalbeschaffung und Einarbeitung in Höhe von 172.116 € und bei den Unternehmen in Höhe von 201.185 €. Aus der Änderung der Preise resultieren volkswirtschaftliche Kosten von 242.881 €/Jahr. Zu weiteren volkswirtschaftlichen Kosten kommt es durch die Abnahme der frei verfügbaren Einkommen von privaten Haushalten. Diese betragen in den ersten 10 Jahren 174.704.304 €/Jahr; ab Jahr 11 entstehen den Haushalten volkswirtschaftliche Kosten von 18.147.102 €/Jahr. Damit betragen die Gegenwartswerte der volkswirtschaftlichen Kosten der Ersatzaktivität Grau- und Regenwassernutzung insgesamt 1.852.453.206 € für 30 Jahre.

Finanziert wird die Ersatzaktivität durch das Land Bremen, die Wirtschaft und die privaten Haushalte. Hierzu wird auch der Einsatz öffentlicher Mittel als eine alternative Finanzierungsmöglichkeit geprüft.

Mit der Umsetzung der Grau- und Regenwassernutzung sind positive wirtschaftliche Effekte verbunden. Dazu gehören Einsparungen an Trinkwasser- und Abwassergebühren. Für die Wirtschaft wird eine Reduzierung der Abwasserabgaben und Niederschlagswassergebühren erwartet. Bei den privaten Haushalten ist mit einer Einsparung von Abwasser- und Trinkwasserkosten in Höhe von 33.957.986 €/Jahr zu rechnen.

Zusammenfassung und abschließende Bemerkungen

Die WRRL trat im Jahr 2000 mit dem ambitionierten Ziel in Kraft, dass alle Wasserkörper bis 2015, spätestens aber 2027 die von der Richtlinie definierten Umweltziele erreichen sollen. Für die Erreichung dieser Umweltziele müssen die Mitgliedstaaten Maßnahmenprogramme aufstellen, in die jeweils die kosteneffizientesten Maßnahmenkombinationen Aufnahme finden sollen (Art. 11 und Anhang III WRRL).

Bei der Darlegung der Kostenwirksamkeit wird in Deutschland der prozessorientierte Ansatz genutzt. Mit dem prozessorientierten Ansatz werden lediglich die finanziellen Kosten der Gewässerschutzmaß-nahmen betrachtet und nicht, wie von der Wasserrahmenrichtlinie gefordert, die gesamten gesellschaftlichen Kosten. Deshalb ist der prozessorientierte Ansatz nicht geeignet, die Kosteneffizienz von Gewässerschutzmaßnahmen zu belegen, mit denen negative Auswirkungen für Unternehmen und Privathaushalte (z. B. Arbeitsplatzverluste, Preiserhöhungen, negative Umwelteffekte) verbunden sind.

Für solche Gewässerschutzmaßnahmen, die nicht nur beim Maßnahmenträger zu Kosten führen, ist das *Göttinger Prüfverfahren zur Feststellung der Kosteneffizienz von Maßnahmen* entwickelt worden. Dieses Verfahren ergänzt den prozessorientierten Ansatz und erfüllt alle einschlägigen Anforderungen der WRRL.

Der Nachweis der Kosteneffizienz der durchzuführenden Maßnahmenprogramme zur Erreichung der Umweltziele der WRRL ist vom Gesetzgeber generell gefordert und kann mit dem *Göttinger Prüfverfahren zur Feststellung der Kosteneffizienz von Maßnahmen* vollumfänglich auf Basis der Einzelmaßnahmen durchgeführt werden.

Die zentralen Prüfschritte im **Prüfkatalog KE** beziehen sich auf die Kriterien „Wirksamkeit" und „Kosten". Bei der Prüfung der Wirksamkeit werden nicht nur Studien ermittelt, in denen unter Laborbedingungen die Wirksamkeit der Maßnahmen festgestellt wurde. Betrachtet wird auch der Implementierungsprozess der Maßnahmen; so ist darzulegen, welche Aktivitäten ergriffen werden, um zu verhindern, dass es zu Beeinträchtigungen der Wirksamkeit durch den Umsetzungsprozess kommt.

Die Maßnahmenkosten werden umfassend und differenziert dargestellt. Drei unterschiedliche Konzeptionen von Kosten finden Anwendung: „Kosten" im Sinne von finanziellen Belastungen der Adressaten der Maßnahme sowie der öffentlichen Institutionen, die mit der Maßnahme befasst sind (direkte Maßnahmenkosten), „Kosten" als negative Auswirkungen auf wichtige ökonomische Kennzahlen (negative wirtschaftliche Effekte) sowie „Kosten" im wohlfahrtsökonomischen Sinn (volkswirtschaftliche Kosten). Als mögliche Kostenträger werden alle inländischen Wirtschaftseinheiten berücksichtigt, die in den Sektoren öffentliche Haushalte (Staat), Wirtschaft und private Haushalte zusammengefasst werden. Somit ist sichergestellt, dass die gesamtgesellschaftlichen Kosten der Maßnahmen ermittelt werden, wie es die Ausführungsdokumente zur WRRL fordern.

Aktuell (im Jahr 2022) zeichnet sich ab, dass sowohl in Deutschland als auch europaweit große Teile der Wasserkörper auch nach Ende des dritten Bewirtschaftungszyklus nicht den geforderten guten ökologischen und chemischen Zustand (Oberflächengewässer) bzw. guten mengenmäßigen und chemischen Zustand (Grundwasser) erreicht haben werden. Es zeigt sich, dass die Erreichung eines mindestens guten Zustands bis Ende des ersten Bewirtschaftungszyklus noch nicht einmal für 10 % der Wasserkörper erreicht wurde. Ist die Erreichung der Ziele der WRRL aus verschiedenen Gründen nicht (vollumfänglich) möglich, ermöglicht der Gesetzgeber die Inanspruchnahme von Ausnahmeregelungen.

Fünf Ausnahmetatbestände sind in Art. 4 WRRL aufgeführt: künstlich oder erheblich veränderte Wasserkörper, Fristverlängerung, weniger strenge Umweltziele, vorübergehende Verschlechterung sowie Verschlechterung. Für jeden dieser Ausnahmetatbestände ist die Unverhältnismäßigkeit der Kosten ein wesentliches und maßgebliches Kriterium dafür, ob sie in Anspruch genommen werden können.

Die bisher in Deutschland vorliegenden Ansätze zur Prüfung von Ausnahmen aufgrund unverhältnismäßig hoher Kosten (der Durchschnittskostenansatz und der Benchmark-Ansatz) ziehen zur Feststellung der Kostenunverhältnismäßigkeit öffentliche Gewässerschutzausgaben heran. Damit werden in diesen Ansätzen drei Ausnahmetatbestände (künstlich oder erheblich veränderte Wasserkörper, weniger strenge Umweltziele, Verschlechterung) von vorneherein aus der Betrachtung ausgeschlossen. Für eine Inanspruchnahme dieser drei Ausnahmen sind nicht bzw. nicht nur die Kosten der Maßnahmen zur Erreichung der Umweltziele relevant.

Die Inanspruchnahme einer dieser drei Ausnahmeregelungen mit unverhältnismäßig hohen Kosten erfordert, dass (auch) über die Verhältnismäßigkeit der Kosten von Ersatzaktivitäten zur Sicherstellung der sozioökonomischen Erfordernisse geurteilt wird. Diese sozioökonomischen Erfordernisse stehen in keinem sachlogischen Zusammenhang mit dem Gewässerschutz, d. h. für die Beurteilung der Verhältnismäßigkeit der Kosten der Ersatzaktivitäten zur Sicherstellung der sozioökonomischen Erfordernisse sind die öffentlichen Gewässerschutzausgaben keine adäquate Grundlage.

Des Weiteren gilt: beide Ansätze verstehen unter Kosten allein den Erfüllungsaufwand der Maßnahme. Damit wird dem Anliegen der WRRL, die gesamtgesellschaftlichen Kosten zu betrachten, also die Kosten, die den inländischen Wirtschaftseinheiten aller drei Sektoren (Staat, Unternehmen, private Haushalte) entstehen, nicht Rechnung getragen. Als Folge davon ist bei beiden Ansätzen nicht sichergestellt, dass in den Ausnahmebereichen, in denen sie eingesetzt werden können (vorübergehende Verschlechterung und Fristverlängerung), die Ausnahmetatbestände immer korrekt erkannt werden. Fehlurteile führen dazu, dass Gewässerschutzmaßnahmen umgesetzt werden, obwohl deren Kosten unverhältnismäßig hoch sind.

Die *Göttinger Prüfverfahren* zur Inanspruchnahme von Ausnahmen aufgrund unverhältnismäßig hoher Kosten decken alle fünf Ausnahmetatbestände ab und betrachten für jeden Ausnahmetatbestand die jeweils relevanten Aktivitäten – Maßnahmen zur Erreichung der Umweltziele und/oder Ersatzaktivitäten zur Sicherstellung der sozioökonomischen Erfordernisse. Sie behalten das differenzierte Kostenkonzept des Prüfkatalogs zur Feststellung der Kosteneffizienz von Maßnahmen bei und ermitteln potenzielle Kostenträger in allen drei Sektoren der Volkswirtschaft. Berechnet werden also die gesamten Kosten für die Gesellschaft, womit sichergestellt ist, dass alle Ausnahmetatbestände korrekt identifiziert werden und keine Maßnahmen mit unverhältnismäßigen Kosten realisiert werden.

Bestimmt werden des Weiteren die für die Beurteilung der Unverhältnismäßigkeit relevanten Aktivitätsfolgen „volkswirtschaftliche Nutzen" sowie „Belastung der Unternehmen und privaten Haushalte". Für jeden Ausnahmetatbestand gibt es neben der Unverhältnismäßigkeit der Kosten weitere spezielle Voraussetzungen, die bei einer Inanspruchnahme erfüllt sein müssen.

Auch diese Voraussetzungen werden von den *Göttinger Prüfverfahren* betrachtet – was erklärt, dass nicht ein, sondern fünf Prüfverfahren zur Inanspruchnahme von Ausnahmen aufgrund unverhältnismäßig hoher Kosten entwickelt wurden.

Um zu veranschaulichen, wie die Prüfung auf Kostenunverhältnismäßigkeit abläuft, ist das *Göttinger Prüfverfahren für weniger strenge Umweltziele* ausführlich beschrieben worden. Der umfassende Ansatz der *Göttinger Prüfverfahren* erlaubt es, dass die Ergebnisse der Prüfungen direkt für die Berichtspflichten gegenüber der EU genutzt werden können.

Sowohl die Feststellung der Kosteneffizienz als auch die Prüfung, ob Ausnahmen in Anspruch genommen werden können, erfolgt in den *Göttinger Prüfverfahren* unter frühzeitiger Einbindung von Stakeholdern, da die entscheidungsrelevanten Informationen in Form von Prüfkatalogen unter aktiver Einbindung der relevanten Akteure erfasst, gesammelt und strukturiert werden. Die einzelnen sozioökonomischen Bewertungsschritte werden transparent dargelegt und lassen sich im Detail nachvollziehen. Die Anwendungsfälle in den beiden Buchteilen verdeutlichen diesen Sachverhalt. Die Anwendungsfälle verdeutlichen weiter, dass die Anwendung der *Göttinger Prüfverfahren* keine Primärdatenerhebung erfordert – auch nicht zur Darstellung der umweltbezogenen volkswirtschaftlichen Kosten und Nutzen. Ergänzt werden die Prüfkataloge durch eine Datenberechnungsgrundlage. Die Datenberechnungsgrundlage unterstützt die Umsetzung der Prüfung in der wasserwirtschaftlichen Verwaltung.

Die *Göttinger Prüfverfahren* sind als fachliche Entscheidungshilfe für die Wasserwirtschaftsverwaltung zu verstehen. Die entscheidungsrelevanten sozioökonomischen Informationen werden in den Verfahren ermittelt, aber nicht beurteilt. Die Entscheidungsautonomie der zuständigen Behörden bleibt somit erhalten.

Das dreistufige Kostenkonzept der *Göttinger Prüfverfahren* stellt sicher, dass die Folgen der Maßnahmen zur Erreichung der Umweltziele bzw. zur Inanspruchnahme von Ausnahmen für alle inländischen Wirtschaftseinheiten umfassend und differenziert ermittelt werden, wenn ausreichend Daten und Informationen vorhanden sind. So wird der Sektor Wirtschaft auf Grundlage der Systematik des Statistischen Bundesamtes in Wirtschaftsbereiche eingeteilt und es wird ermittelt, ob mit Preissteigerungen oder einem Rückgang von Bruttowertschöpfung und Beschäftigung zu rechnen ist.

Die *Göttinger Prüfverfahren* liefern somit nicht nur eine Grundlage für die Erfüllung der Berichtspflicht gegenüber der Europäischen Kommission. Sie stärken auch die Argumentationsbasis der Wasserwirtschaftsverwaltung für den öffentlichen Diskurs über die getroffenen Maßnahmen bzw. in Anspruch genommenen Ausnahmen. Ihre Anwendung ermöglicht es den zuständigen Mitarbeiterinnen/Mitarbeitern, sich vorausschauend und umfassend auf die Diskussion vorzubereiten, die Entscheidungen im Konfliktfeld Umweltziele der WRRL und aktuelle Gewässerbewirtschaftung häufig nach sich ziehen.

Literatur

Ammermüller, B., Klauer, B., Bräuer, I., Fälsch, M., Kochmann, L., Holländer, R., Sigel, K., Mewes, M., Grünig, M. (2011): Kosten-Nutzen-Abwägung im Kontext der EG-Wasserrahmenrichtlinie. Methodik zur Begründung von Ausnahmen aufgrund unverhältnismäßiger Kosten. „Leipziger Ansatz", zitiert in Klauer et al. 2018.

Becker, G., Wittig, B. (2000): Die Halse – ein fast verschwundener Geestbach im Landkreis Verden. Heimatkalender 2001. 44. Jahrgang. 106-122.

BLANO (2022): Bericht zur Folgenabschätzung inkl. Kosten-Nutzen-Analyse. Unter: https://www.meeresschutz.info/berichte-art13.html (zuletzt abgerufen am 27.03.2023).

BMUB & UBA (2016): Die Wasserrahmenrichtlinie – Deutschlands Gewässer 2015. Bonn, Dessau. Unter: https:// www.umweltbundesamt.de/sites/default/files/medien/1968/publikationen/final_broschure_wasserrahm_enrichtlinie_bf_112116.pdf (zuletzt abgerufen am 02.01.2018).

Böhm, E., Hiessl, H., Hillebrand, T. (2002): Auswirkungen der Wassertechnologie-Entwicklungen auf Wasserbedarf und Gewässeremissionen im deutschen Teil des Elbegebietes. Fraunhofer-Institut für Systemtechnik und Innovationsforschung. Unter: http://publica.fraunhofer.de/eprints/urn_nbn_de_0011-n-308735.pdf (zuletzt abgerufen am 08.03.2017).

Bremer Touristik-Zentrale (BTZ) (2017): Marktforschung & Monitoring – Zahlen und Fakten zum Bremen-Tourismus – Übernachtungen, Wirtschaftsfaktor, Gästebefragung 2017.

Bremische Bürgerschaft (2015): Drucksache 18/1711. Landtag 18. Wahlperiode 20.01.15: Antwort des Senats auf die Kleine Anfrage der Fraktion Bündnis 90/Die Grünen: Nachhaltigkeit der Bremer Trinkwassergewinnung.

Brenneisen, F. & Peichl, A. (2007): Empirische Wohlfahrtsmessung von Steuerreformen, Finanzwissenschaftliche Diskussionsbeiträge Nr. 07-5, Finanzwissenschaftliches Forschungsinstitut an der Universität zu Köln, S. 23. Unter: http://www.fifo-koeln.org/images/stories/fifo-cpe-dp_07-05.pdf (zuletzt abgerufen am 08.03.2017).

Bundesministerium für Finanzen (2014): Personalkostensätze 2014. Unter: https://www.bundesfinanzministerium.de/Content/DE/Standard artikel/Themen/Oeffentliche_Finanzen/Bundeshaushalt/personalkostensaetze-2014-anl.html (zuletzt abgerufen am 24.04.2023).

CEA Drafting Group (2006): Cost Effectiveness Analysis document. Version 2.0. Unter: http://ec.europa.eu/environment/water/water-framework/economics/ 2006_CEA_final_policy_summary.pdf (zuletzt abgerufen am 17.02.2017).

CIS (2003): Public Participation in relation to the Water Framework Directive. Guidance Document No. 8. Common Implementation Strategy for the Water Framework Directive (2000/60/EC). Luxemburg. Unter: https://circabc.europa.eu/sd/a/0fc804ff-5fe6-4874-8e0d-de3e47637a63/Guidance%20No%208%20-%20Public%20participation%20%28WG%202.9%29.pdf (zuletzt abgerufen am 07.06.2017).

CIS (2007): Draft Paper on Exemptions to the environmental objectives under the Water Framework Directive – Article 4.4 (extensions of deadlines), 4.5 (less stringent objectives) and 4.6 (temporary deterioration). Unter: https://fwrinformationcentre.co.uk/SH070430-A10b-Draft-CIS-Exemptions-WFD-Art-4.4-4.6.pdf (zuletzt abgerufen am 17.04.2023).

CIS (2009): Exemptions to the environmental objectives. Guidance Document No. 20. Common Implementation Strategy for the Water Framework Directive (2000/60/EC). Luxemburg. Unter: http://ec.europa.eu/environment/water/water-framework/objectives/pdf/Guidance_document_20.pdf (zuletzt abgerufen am 12.01.2017).

CIS (2017): Exemptions to the Environmental Objectives according to Article 4(7). Guidance Document No. 36. New modifications to the physical characteristics of surface water bodies, alterations to the level of groundwater, or new sustainable human development activities. Common Implementation Strategy for the Water Framework Directive and the Floods Directive. Unter: https://circabc.europa.eu/sd/a/e0352ec3-9f3b-4d91-bdbb-939185be3e89/CIS_Guidance_Article_4_7_FINAL.PDF (zuletzt abgerufen am 03.04.2023).

Deutsches Institut für Normung (2001): Norm DIN EN 12056-1. Ausgabe 2001-01. Schwerkraftentwässerungsanlagen innerhalb von Gebäuden – Teil 1: Allgemeine und Ausführungsanforderungen.

dwif (2017): Homepage. Unter: https://dwif.de/ (zuletzt abgerufen am 24.04.2023).

Ewuaqua (2011): Grauwassernutzung. https://www.wolff-kamen.de/files/grauwasserbroschuere.pdf (zuletzt abgerufen am 20.04.2020).

Fachvereinigung Betriebs- und Regenwassernutzung e.V. (2007): Projektbeispiele zur Betriebs- und Regenwassernutzung – Öffentliche und gewerbliche Anlagen. https://www.baulinks.de/webplugin/2007/0842.php4 (zuletzt abgerufen am 30.03.2023).

fbr – Bundesverband für Betriebs- und Regenwasser e.V. (o.J.) Grauwassernutzung. Unter: https://www.fbr.de/themen/grauwassernutzung/ (zuletzt abgerufen am 29.04.2019).

Ginzky, H. (2005): Ausnahmen zu den Bewirtschaftungszielen im Wasserrecht – Voraussetzungen, Zuständigkeiten, offene Anwendungsfragen. Zeitschrift für Umweltrecht: 515-542.

Haveman, R. H., Weimer, D. L. (2015): Public Policy Induced Changes in Employment: Valuation Issues for Benefit-Cost Analysis. Journal of Benefit-Cost Analysis 6 (1): 112-153.

Hille, C., Marggraf, R. (2019): Konfliktregelung zwischen den Umweltzielen der Wasserrahmenrichtlinie und der Bewirtschaftung. Zeitschrift für Umweltpolitik und Umweltrecht 42 (1): 11-35.

iWater Wassertechnik GmbH und Co. KG (2014): Grauwassernutzung. Broschüre zu ewuaqua.

Kerpen, J., Zapf, D. (2005/06): Grauwasserrecycling schon rentabel? Recyclinganlagen für Grauwasser: Qualitätsanforderungen, Verfahrensübersicht und Wirtschaftlichkeit. In: Abwassertechnik. Fachjournal 2005/06: 88-92. Unter: https://www.ihks-fachjournal.de/grauwasserrecycling-wirtschaftlich-schon-rentabel/ (zuletzt abgerufen am 14.03.2017).

Klauer, B., Sigel, K., Schiller, J., Hagemann, N., Kern, K. (2015): Unverhältnismäßige Kosten nach EG-Wasserrahmenrichtlinie. Ein Verfahren zur Begründung weniger strenger Umweltziele. UFZ-Bericht 01/2015. Leipzig.

Klauer, B., Sigel, K., Reese, M., Schiller, J., unter Mitarbeit von Renno, J. (2018): Unverhältnismäßige Kosten nach EG-Wasserrahmenrichtlinie. Praxistest des Neuen Leipziger Ansatzes zur Begründung weniger strenger Umweltziele. Endbericht des F+E-Vorhabens aus dem Länderfinanzierungsprogramm 2016 O 8.16 im Auftrag der Bund/Länderarbeitsgemeinschaft Wasser.

Kotulla, M. (2020): Wasserhaushaltsgesetz. Kommentar. 3. Auflage. Stuttgart Kohlhammer.

LAWA (2003): Arbeitshilfe zur Umsetzung der EG-Wasserrahmenrichtlinie. Teil 3. Unter: https://www.lawa.de/documents/arbeitshilfe_30-04-2003_1552293505.pdf (zuletzt abgerufen am 16.04.2023).

LAWA-Ausschuss Oberirdische Gewässer und Küstengewässer – Ad hoc-Unterausschuss „*Wirtschaftliche Analyse*" (2009): Gemeinsames Verständnis von Begründungen zu Fristverlängerungen nach § 25 c WHG (Art. 4 Abs. 4 WRRL) und Ausnahmen nach § 25 d Abs. 1 WHG (Art. 4 Abs. 5 WRRL). Unter: https://um.baden-wuerttemberg.de/fileadmin/redaktion/m-um/intern/Dateien/Dokumente/3_Umwelt/Schutz_natuerlicher_Lebensgrundlagen/Wasser/Rechtsvorschriften/WRRL/Zyklus-1/Hintergrund-1/090318_LAWA-Eckpunktepapier_Fristverlaengerungen_Aussnahmen.pdf (zuletzt abgerufen am 19.11.2018).

LAWA (2012a): Handlungsempfehlung für die Ableitung und Begründung weniger strenge Bewirtschaftungsziele, die den Zustand der Wasserkörper betreffen. LAWA-Arbeitsprogramm Flussgebietsbewirtschaftung. LAWA-Arbeitsprogramm Flussgebietsbewirtschaftung, Produktdatenblatt 2.4.4. Saarbrücken. Unter: https://www.flussgebiete.nrw.de/system/files/atoms/files/final_pdb_2.4.4_handlungsempfehlung_weniger_strenge_bewirtschaftsziele_stand_21.06.2012.pdf (zuletzt abgerufen am 20.02.2017).

LAWA (2012b): Leitlinien zur Durchführung dynamischer Kostenvergleichsrechnungen. 8. überarbeitete Auflage. Unter: https://www.lawa.de/documents/kvr_leitlienien_2012_1552304332.pdf (zuletzt abgerufen am 13.04.2023).

LAWA (2013): Textbausteine für die Festlegung weniger strenge Bewirtschaftungsziele, die den Zustand der Wasserkörper betreffen. PDB 2.7.11. Unter: https://www.wasserblick.net/servlet/is/142653/WRRL_2.7.11_TB_WenigerStrengeBewirtschaftungszie-le.pdf?command=downloadContent&filename=WRRL_2.7.11_TB_WenigerStrenge-Bewirtschaftungsziele.pdf (zuletzt abgerufen am 16.04.2023).

LAWA (2015a): Handlungsempfehlung für die Aktualisierung der wirtschaftlichen Analyse. Unter: http://www.wasserblick.net/servlet/is/142651/WRRL_2.1.1_2.5.2_WirtschAnalyse_Stand29012015.pdf?command=downloadContent&filename=WRRL_2.1.1_2.5.2_WirtschAnalyse_Stand29012015.pdf (zuletzt abgerufen am 16.04.2023).

LAWA (2015b): Nutzen-Kosten-Analyse in der Wasserwirtschaft. Methoden im europäischen Vergleich und die Ableitung eines kohärenten Verfahrens für die LAWA. Unter: https://www.ufz.de/export/data/global/93099_LAWA_Projekt_Kurzbeschreibung_08012015.pdf (zuletzt abgerufen am 17.04.2023).

LAWA (2017): Handlungsempfehlung Verschlechterungsverbot. Beschlossen auf der 153. LAWA-Vollversammlung 16./17. März 2017 in Karlsruhe. Unter: https://www.wasser.sachsen.de/download/Anlage3_LAWA_Handlungsempfehlung.pdf (zuletzt abgerufen am 16.04.2023).

LAWA (2020): Aktualisierung der wirtschaftlichen Analyse (WA) der Wassernutzungen gemäß Artikel 5 Abs. 1 und 2 WRRL bzw. §§ 3 und 4 Oberflächengewässerverordnung sowie §§ 2 und 3 Grundwasserverordnung für den Bewirtschaftungszeitraum 2021-2027. Unter: https://www.lawa.de/documents/handlungsanleitung-wirtschaftliche-analyse_2_3_1607682700.pdf (zuletzt abgerufen am 16.04.2023).

LAWA (2021): Kosten der Umsetzung der EG-Wasserrahmenrichtlinie in Deutschland. Unter: https://www.lawa.de/documents/abschlussbericht_kosten_umsetzung_eg_wrrl_1623929187.pdf (zuletzt abgerufen am 18.04.2023).

Marggraf, R., Raupach, K., Sauer, U., Grüneberg, J. & Buchs, A.K. (2017): Göttinger Prüfschema zur Erfüllung der WRRL Anforderungen: Feststellung der Kosteneffizienz von Maßnahmen und Prüfung von Ausnahmen aufgrund unverhältnismäßig hoher Kosten, Korrespondenz Wasserwirtschaft 2017 (10) Nr. 12: 737-743.

Niedersächsisches Ministerium für Umwelt, Energie, Bauen und Klimaschutz (2009): Hintergrunddokument: Nachweis zur ökonomischen Anforderung der Kosteneffizienz von Maßnahmen gemäß EG-WRRL für das Niedersächsische Maßnahmenprogramm bis 2015. Unter: https://www.nlwkn.niedersachsen.de/download/92716 (zuletzt abgerufen am 16.04.2023).

Niedersächsisches Ministerium für Umwelt, Energie, Bauen und Klimaschutz (2013): Ökonomische Elemente der Europäischen Gewässerschutzpolitik: Umsetzung und Herausforderungen in Niedersachsen. Handbuch. Unter: www.umwelt.niedersachsen.de/download/80362 (zuletzt abgerufen am 02.04.2015).

Niedersächsisches Ministerium für Umwelt, Energie und Klimaschutz. mündliche Mitteilung vom 05.10.2016 in Hannover.

Niedersächsisches Ministerium für Umwelt, Energie und Klimaschutz. mündliche Mitteilung vom 14.10.2016 in Verden.

Niedersächsisches Ministerium für Umwelt, Energie und Klimaschutz. mündliche Mitteilung vom 09.11.2016 in Hannover.

Niedersächsisches Ministerium für Umwelt, Energie und Klimaschutz. entsprechend E-Mail vom 10.10.2016.

Niedersächsisches Ministerium für Umwelt, Energie, Bauen und Klimaschutz (2020a): Alternativenprüfung: „Trinkwasserentnahmestopp", Einstellung der Trinkwasserförderung im WW Panzenberg durch den TV Verden (Stand 14.10.2020). Unter: https://www.nlwkn.niedersachsen.de/download/162094 (zuletzt abgerufen am 31.07.2023).

Niedersächsisches Ministerium für Umwelt, Energie, Bauen und Klimaschutz (2020b): Alternativenprüfung: Fallbeispiel Ersatzaktivität Grau- und Regenwassernutzung. Unter: https://www.nlwkn.niedersachsen.de/download/162094 (zuletzt abgerufen am 31.07.2023).

NLWKN (2012): Wasserkörperdatenblatt. 22042 Halsebach. Stand November 2012. Unter: http://www.nlwkn.niedersachsen.de/download/76992/WK22042_Halsebach.pdf (zuletzt abgerufen am 14.02.2017).

Reese, M. (2016): Voraussetzungen für verminderte Gewässerschutzziele nach Art. 4 Abs. 5 WRRL. Zeitschrift für Umweltrecht (ZUR) 27 (4): 203-215.

Reese, M. & Köck, W. (2018): Flussgebietsbewirtschaftung im Bundesstaat. In: Degenhart, C., Faßbender, K., Köck, W. & Oldiges, M. (Hrsg.) Leipziger Schriften zum Umwelt- und Planungsrecht 36, Baden-Baden.

Richtlinie 2008/56/EG des europäischen Parlaments und des Rates vom 17. Juni 2008 zur Schaffung eines Ordnungsrahmens für Maßnahmen der Gemeinschaft im Bereich der Meeresumwelt (Meeresstrategie-Rahmenrichtlinie).

Sartorius, C. (2007): Zukunftsmarkt Dezentrale Wasseraufbereitung und Regenwassermanagement. Fallstudie im Auftrag des Umweltbundesamtes. Unter: https://www.umweltbundesamt.de/sites/default/files/medien/publikation/long/3454.pdf (zuletzt abgerufen am 16.04.2023).

Sieder, F., Zeitler, H., Dahme, H. & Knopp, G.-M. (2019): Wasserhaushaltsgesetz und Abwasserabgabengesetz. 53. Aufl. Beck München.

Stadt Delmenhorst (2011): Entwässerungskonzept Graft. Beschlussvorlage (A5-Rat) 11/50/009/BV-R. Unter: https://www.delmenhorst.de/medien/bindata/aktuelles/Beschlussvorlage_Entwaesserungskonzept_Graft_110915.pdf (zuletzt abgerufen am 16.04.2023).

Statistisches Bundesamt (2014): Produzierendes Gewerbe. Beschäftigung, Umsatz, Investitionen und Kostenstruktur der Unternehmen in der Energieversorgung, Wasserversorgung, Abwasser- und Abfallentsorgung, Beseitigung von Umweltverschmutzungen. Unter: https://www.destatis.de/DE/Publikationen/Thematisch/Energie/Struktur/BeschaeftigungUmsatzKostenstruktur2040610147004.pdf?__blob=publicationFile (zuletzt abgerufen am 14.03.2017).

Statistisches Landesamt Bremen (2015): Statistisches Jahrbuch 2015. Unter: https://www.statistik.bremen.de/sixcms/media.php/13/Jb2015.pdf (zuletzt abgerufen am 17.04.2023).

Statistisches Landesamt Bremen (2016): Bremen in Zahlen 2016. Unter: https://www.statistik.bremen.de/sixcms/media.php/13/Jb2016_pdfa.pdf (zuletzt abgerufen am 16.04.2023).

Statistisches Landesamt Bremen (2017): Stadt Bremen. Unter: http://www.statistik-bremen.de/tabellen/kleinraum/stadt_ottab/1.htm (zuletzt abgerufen am 13.03.2017).

Statistisches Landesamt Bremen. entsprechend E-Mail vom 01.02.2017.

Statistisches Landesamt Bremen. entsprechend E-Mail vom 16.12.2016.

swb AG (2017): Homepage. Unter: https://www.swb.de/wasser/swb-wasser-basis (zuletzt abgerufen am 15.03.2017).

Trinkwasserverband Verden (2013): Hydrogeologisches Gutachten zur Grundwasserentnahme sowie zur Bemessung und Gliederung des Trinkwasserschutzgebietes für das Wasserwerk Panzenberg. Unter: https://www.tv-verden.de/fileadmin/tv-verden/downloads/WRV_WWP/Wasserrechtsantrag%20Panzenberg.zip (zuletzt abgerufen am 14.02.2017).

Trinkwasserverband Verden (2015): Erläuterungsbericht zum Antrag des Trinkwasserverbandes Verden auf Erteilung einer Bewilligung gemäß § 8 WHG zur Entnahme von Grundwasser mit dem Wasserwerk Panzenberg. Unter: https://www.tv-verden.de/fileadmin/tv-verden/downloads/WRV_WWP/Wasserrechtsantrag%20Panzenberg.zip (zuletzt abgerufen am 14.02.2017).

Trinkwasserverband Verden (2016): Wasserwerk Panzenberg. Ergänzende Simulation mit dem Grundwasserströmungsmodell zum Grundwasseranschluss des Halsebachs.

Trinkwasserverband Verden (2017): Homepage. Wasserwerk Panzenberg. Unter: https://tv-verden.de/unternehmen/wasserwerke/wasserwerk-panzenberg (zuletzt abgerufen am 14.02.2017).

UBA (2021): 20 Jahre Wasserrahmenrichtlinie: Empfehlungen des Umweltbundesamtes. Dessau-Rosslau, Position // Januar 2021. Unter: https://www.umweltbundesamt.de/sites/default/files/medien/1410/publikationen/2021_pp_20jahre_wrrl_bf.pdf (zuletzt abgerufen am 24.04.2023).

Wasserhaushaltsgesetz (2009): Wasserhaushaltsgesetz vom 31. Juli 2009 (BGBl. I S. 2585), das zuletzt durch Artikel 122 des Gesetzes vom 29. März 2017 (BGBl. I S. 626) geändert worden ist.

Wasserrahmenrichtlinie (WRRL, 2000/60/EG): Richtlinie 2000/60/EG des Europäischen Parlaments und des Rates vom 23. Oktober 2000 zur Schaffung eines Ordnungsrahmens für Maßnahmen der Gemeinschaft im Bereich der Wasserpolitik.

WATECO (2003): Economics and the environment. Guidance Document No. 1. Common Implementation Strategy for the Water Framework Directive (2000/60/EC). Luxemburg. Unter: https://circabc.europa.eu/sd/a/cffd57cc-8f19-4e39-a79e-20322bf607e1/Guidance%20No%201%20-%20Economics%20-%20WATECO%20(WG%202.6).pdf (zuletzt abgerufen am 23.04.2015).

Water Directors (2008): Conclusion on Exemptions and Disproportionate Costs. Water Directors´ meeting under Slovenian Presidency, Brdo, 16-17 June 2008. Unter: http://www.wrrl-info.de/docs/wrrl_ConclusionsExemptions2008.pdf (zuletzt abgerufen am 05.03.2015).

Water Framework Directive (WFD 2000/60/EG): Directive 2000/60/EC of the European Parliament and of the Council of 23 October 2000 establishing a framework for Community action in the field of water policy.

webod.gbr (2015): Hintergrunddokument zur Sozioökonomischen Bewertung. Anlage 2 zum Entwurf des Maßnahmenprogramms. Mit Beiträgen von A. Weiß (UBA) und A. K. Buchs (MU NI) und in Abstimmung mit der BLANO Querschnittsarbeitsgruppe Sozioökonomie. Unter: https://www.meeresschutz.info/berichte-art13.html?file=files/meeresschutz/berichte/art13-massnahmen/MSRL_Art13_Massnahmenprogramm_Anl_2_Soziooekonomische_Bewertung.pdf (zuletzt abgerufen am 16.04.2023).

Anhänge

Tabelle 4:   Prüfkatalog Maßnahme

Zusatz zum Maßnahmenkennblatt Maßnahme	
1. Betroffener Wasserkörper und geographisches Gebiet	1. Nennen Sie bitte die Wasserkörper und das geographisch betroffene Gebiet, für die die Prüfung zur Inanspruchnahme abweichender Bewirtschaftungsziele durchgeführt wird.
2. Beschreibung der Maßnahme	2.1 Bitte beschreiben Sie die Maßnahme, die im Prozess der Maßnahmenauswahl bereits als technisch durchführbar eingestuft wurde.
	2.2 Bitte beschreiben Sie die Wassernutzung, die aufgegeben oder eingeschränkt werden soll.
	a) Nennen Sie bitte die Wassernutzer und die Auswirkungen der Wassernutzung auf das Gewässer.
	b) Handelt es sich um eine bereits beendete (historische) Wassernutzung?
	c) Schätzen Sie bitte den prozentualen Anteil der Wassernutzung an der Gesamtbelastung – sofern es weitere Belastungen gibt.
	d) Auf welcher rechtlichen Grundlage oder Daseinsvorsorge – falls zutreffend – beruht die menschliche Tätigkeit?
	e) Bitte nennen Sie die betroffenen Qualitätskomponenten und ihre Ist-Werte.
	f) In welchem Ausmaß soll die Wassernutzung eingeschränkt werden?
3. Signifikante Belastungen	3.1 Was sind die signifikanten Belastungen auf die Gewässer, denen die Maßnahme entgegenwirken soll?

	3.2 Auf welcher räumlichen Skala wirken die signifikanten Belastungen (z. B. Wasserkörper, Flusseinzugsgebiet)?
	3.3 Auf welcher räumlichen Skala wird die Wirksamkeit der Maßnahme einbezogen?
4. Zeithorizont	4. Ab welchem Zeitpunkt und/oder in welchem Zeitraum kann die Maßnahme voraussichtlich umgesetzt werden?
5. Natürliche Gegebenheiten	5.1 Gibt es zusätzlich natürliche Gegebenheiten, die eine Zielerreichung verhindern/beeinträchtigen? *Wenn nein, weiter bei Punkt 5*
	5.2 Schätzen Sie bitte den prozentualen Anteil der Auswirkungen der natürlichen Gegebenheiten an der Gesamtbelastung.
	5.3 Verstärken sich die Effekte der menschlichen Tätigkeit und der natürlichen Gegebenheiten auf den Gewässerzustand? Wenn ja, welche Qualitätskomponenten sind von dem Effekt der Verstärkung betroffen?
6. Regenerationsfähigkeit	6.1 Könnte bei Aufgabe oder Einschränkung der Wassernutzung aufgrund von ausreichender natürlicher Regenerationsfähigkeit und/oder in Kombination mit ergänzenden Maßnahmen der gute ökologische Zustand/Potenzial im Wasserkörper bis 2027 erreicht werden?
	6.2 Welche weiteren signifikanten Einflussgrößen auf die Regenerationsfähigkeit gibt es (z. B. Hochwassergebiet, Klimawandel, Bauvorhaben etc.)?
7. Theoretische Wirksamkeit	7.1 Bitte führen Sie zentrale und ggf. auf Deutschland übertragbare Studien, dokumentierte Fallbeispiele, Gutachten oder weitere Dokumente auf, die die Wirksamkeit der Maßnahme wissenschaftlich belegen.
	7.2 Bitte quantifizieren Sie die voraussichtliche Wirksamkeit der Maßnahme anhand der Studien (z. B. Reduzierung der Stickstoffeinträge in Kilogramm) und geben Sie möglichst

		genau an, auf welche Parameter sich diese beziehen (z. B. Nährstoffreduktion je Kilometer Gewässerrandstreifen).
		7.3 Ab welchem Zeitpunkt wird die Maßnahme wirksam und wann ist voraussichtlich das vollständige Ausmaß der Wirksamkeit erreicht?
8. Wirksamkeit unter Praxisbedingungen		**Umsetzende Institutionen**
		8.1 In welchen Hoheitsbereich fällt die Umsetzung der Maßnahme in erster Instanz (Bund, Länder, beide oder andere?)
		8.2 Welche(s) Ressort(s) ist/sind für die Maßnahme verantwortlich?
		8.3 Welche Institutionen sind noch an der praktischen Umsetzung beteiligt/durch die praktische Umsetzung betroffen?
		Verhaltensänderung Gruppen
		8.4 Erfordert die Umsetzung der Maßnahme Veränderungen, von denen auch BürgerInnen, gesellschaftliche Gruppen, Wirtschaft etc. betroffen sind?
		8.5 Wie sollen diese direkt betroffenen Gruppen informiert werden?
		8.6 Ist geplant, weitergehende Informationen für die Öffentlichkeit bereitzustellen/zu entwickeln?
9. Negative und positive Wirkungen der Maßnahme auf weitere Umweltgüter und Ökosystemleistungen		9.1 Bitte erläutern Sie mögliche **negative** Auswirkungen der Maßnahme auf weitere Umweltgüter (Biodiversität etc.) und Ökosystemleistungen.
		9.2. Bitte quantifizieren Sie diese Auswirkungen aufgrund vorhandener Kenntnisse.
		9.3. Bitte nennen Sie empirische Studien, die für eine Monetarisierung der Effekte genutzt werden können.
		9.4. Bitte erläutern Sie, welche **positiven** Effekte für weitere Umweltgüter (Biodiversität etc.) und Ökosystemleistungen durch die Maßnahme bestehen.
		9.5. Bitte quantifizieren Sie diese Auswirkungen aufgrund vorhandener Kenntnisse.

	9.6. Bitte nennen Sie empirische Studien, die für eine Monetarisierung der Effekte genutzt werden können.
10. Direkte Maßnahmenkosten	10.1 Öffentliche Hand/Staat/öffentliche Verwaltung
	a) Erfüllungsaufwand **Personalaufwand** Welche personalen Mittel sind in der Verwaltung erforderlich? Wenn möglich, stellen Sie diese bitte getrennt nach einzelnen Phasen der Maßnahme oder anderen Posten dar (für Entwicklung und Einführung, Umsetzung und Koordination, Kontrolle, Übungszwecke, Betrieb und Unterhaltung). **Sachaufwand** Welche Sachmittel sind in der Verwaltung erforderlich? Wenn möglich, stellen Sie diese bitte getrennt nach einzelnen Phasen der Maßnahme und anderen Posten dar (für Entwicklung und Einführung, Kontrolle, Übungszwecke, Betrieb und Unterhaltung, Investitionen für z. B. Flächenankäufe, Anpflanzungen, Entschädigungszahlungen).
	b) Weitere direkte Kosten Welche weiteren direkten Kosten entstehen der Verwaltung (zum Beispiel Reduzierung von Gebühren und/oder Steuereinnahmen, Schäden, die infolge der Maßnahme entstehen)?
	10.2 Wirtschaft
	a) Erfüllungsaufwand Wenn möglich, stellen Sie diesen bitte getrennt nach einzelnen Phasen der Maßnahme (für Entwicklung und Einführung, Kontrolle, Übungszwecke, Betrieb und Unterhaltung) dar.

	Differenzieren Sie die Kosten bitte zusätzlich nach: - Produktionsmengeneinschränkungen (EA_U) - erforderlichen Abgaben (EA_{AB}) - entstehenden Informationspflichten - entstehenden sonstigen Pflichten - Änderungen im Betriebsablauf - Änderungen bei der Quantität oder Qualität der Inputs wie mehr oder höher qualifizierte Arbeit (EA_{LK}) - Änderungen bei der Quantität oder Qualität der Vorleistungen wie dem Einsatz von weiterzuverarbeitenden Waren (EA_{VL}) - Abschreibungen aufgrund von Investitionen für z. B. Flächenankäufe (EA_A) - zusätzliche Aktivitäten, z. B. Entschädigungszahlungen **Personalaufwand** Welche personalen Mittel sind in der Wirtschaft erforderlich? **Sachaufwand** Welche Sachmittel sind in der Wirtschaft erforderlich?
	b) Weitere direkte Kosten Welche weiteren direkten Kosten entstehen der Wirtschaft?
	10.3 Privatpersonen, Vereine und Verbände
	a) Erfüllungsaufwand Welcher Aufwand entsteht Privatpersonen, Vereinen und Verbänden?
	b) Weitere direkte Kosten Welche weiteren direkten Kosten entstehen Privatpersonen, Vereinen und Verbänden (zum Beispiel durch Arbeitsplatzverlust oder Gebührenerhöhung)?

11. Negative wirtschaftliche Effekte der Maßnahme	11.1 Staatseinnahmen, -ausgaben
	a) Folgen des Erfüllungsaufwandes Bitte übernehmen Sie die jährlichen unmittelbaren Kosten der Verwaltung anhand Ihrer Angaben in 7.1 (Personalkostensätze gemäß Bundesministerium der Finanzen). Erfordert der Personalaufwand eine Erhöhung der Arbeitskapazität der Verwaltung? Wenn ja, wie viel Prozent des Personalaufwands beziehen sich auf diese Kapazitätserhöhung? Um die mit der Maßnahme verbundene Erhöhung der Staatsausgaben zu ermitteln, addieren Sie bitte den Sachaufwand und den eben errechneten Anteil des Personalaufwands.
	b) Folgen der weiteren direkten Kosten Wie verändern sich die Staatseinnahmen infolge der weiteren direkten Kosten (z. B. durch Steuern oder Gebühren)? Bitte übernehmen Sie die weiteren direkten Kosten der Verwaltung aus 7.1 b) und berechnen so den Rückgang der Staatseinnahmen insgesamt.
	11.2 Bruttowertschöpfung, Beschäftigung und Preise Bitte berechnen Sie die ggf. resultierenden Änderungen der Bruttowertschöpfung, der Beschäftigung und der Preise.
	a) Änderung der Bruttowertschöpfung
	b) Änderung der Beschäftigung
	c) Änderung der Preise

12. Volkswirtschaftliche Kosten der Maßnahme	12.1 Bitte ermitteln Sie die jährlichen volkswirtschaftlichen Kosten, diese resultieren aus:
	a) der Veränderung des staatlichen Budgets
	b) der Abnahme der Einkommen aus Unternehmertätigkeit und Vermögen
	c) der Änderung der Beschäftigung
	d) der Änderung der Preise
	12.2 Bitte geben Sie weitere volkswirtschaftliche Kosten (als Folge negativer Umweltwirkungen oder von Zwangsausgaben privater Haushalte) an.
13. Positive wirtschaftliche Effekte der Maßnahme	13.1 Bitte geben Sie an, welche positiven Effekte die Maßnahme für die öffentliche Hand/Staat/öffentliche Verwaltung hat.
	13.2 Bitte geben Sie an, welche positiven Effekte die Maßnahme für die Wirtschaft hat.
	13.3 Bitte geben Sie an, welche positiven Effekte die Maßnahme für Privatpersonen, Vereine und Verbände hat.
14. Volkswirtschaftliche Nutzen der Maßnahme	14.1 Bitte ermitteln Sie die jährlichen volkswirtschaftlichen Nutzen, diese resultieren aus:
	a) der Veränderung des staatlichen Budgets
	b) der Zunahme der Einkommen aus Unternehmertätigkeit und Vermögen
	c) der Änderung der Beschäftigung
	d) der Änderung der Preise
	14.2 Nicht-wirtschaftlicher Wert
	a) Welcher Bewertungsfall einer Zahlungsbereitschaftsstudie ist relevant?
	b) Bitte beschreiben Sie die bewertete Umweltverbesserung der ausgewählten Studie und dokumentieren Sie die Unterschiede zur Umweltverbesserung der vorliegenden Maßnahme.
	c) Bitte passen Sie das ermittelte Ergebnis der Zahlungsbereitschaften an die Bezugsgröße der Belastungsreduktion an.

	d) Bitte übertragen Sie den mit der Benefit-Transfer-Formel errechneten Wert. Bitte geben Sie an in welchem Jahr, in welchem Land und für welche Grundgesamtheit die ausgewählte Bewertungsstudie durchgeführt wurde.
	14.3 Bitte geben Sie weitere volkswirtschaftliche Nutzen (als Folge positiver Umweltwirkungen) an.
15. Finanzielle Belastungen privater Wirtschaftssubjekte	15.1 Bitte berechnen Sie die finanziellen Belastungen privater Wirtschaftssubjekte.
	15.2 Bitte berechnen Sie die finanziellen Belastungen von Privatpersonen, Vereinen und Verbänden.
16. Politische Möglichkeit	16. Ist bei der Erreichung des Umweltziels die Möglichkeit der politischen Einflussnahme gegeben?
17. Koordinierungsverpflichtung	17. Welche Koordinierungsverpflichtungen bestehen – falls zutreffend – mit anderen (Bundes-)Ländern?
18. Übersicht	18. Bitte füllen Sie den Ergebnisteil durch Übertragung der Ergebnisse aus dem Prüfkatalog aus. Um Scheingenauigkeiten zu vermeiden, sind ermittelte Zahlen nach Abschluss der Berechnungen sachgerecht zu runden. **Betroffener Wasserkörper und geographisches Gebiet** 18.1 Die Prüfung zur Inanspruchnahme abweichender Bewirtschaf-tungsziele wird für folgenden Wasserkörper und folgendes geographisches Gebiet durchgeführt **Signifikante Belastungen** 18.2 Die Maßnahme wirkt folgenden signifikanten Belastungen entgegen 18.3 Die signifikanten Belastungen wirken auf folgender räumlichen Skala 18.4 Die Wirksamkeit ist auf folgender räumlichen Skala einbezogen

Zeithorizont
18.5 Die Maßnahme kann ab folgendem Zeitpunkt und/oder in folgendem Zeitraum umgesetzt werden

Theoretische Wirksamkeit
18.6 Studien für die Wirksamkeit sind unter 4.1 vorhanden.
18.7 Die voraussichtliche Wirksamkeit der Maßnahme ist folgendermaßen quantifiziert
18.8 Beginn und vollständiges Ausmaß der Wirksamkeit der Maßnahme

Wirksamkeit unter Praxisbedingungen
18.9 Folgende Institutionen sind beteiligt
18.10 Die Verantwortlichkeit liegt bei
18.11 Bei folgenden gesellschaftlichen Gruppen ist eine Verhaltensänderung erforderlich
18.12 Diese wird durch folgende Maßnahmen unterstützt

Negative und positive Wirkungen der Maßnahme auf weitere Umweltgüter
18.13 Mögliche negative Auswirkungen der Maßnahme auf weitere Umweltgüter sind
18.14 Mögliche positive Auswirkungen der Maßnahme auf weitere Umweltgüter sind

Direkte Maßnahmenkosten
Aufwand öffentliche Hand/Staat/öffentliche Verwaltung
18.15 Die Kosten des Personalaufwandes liegen bei
18.16 Die Kosten des Sachaufwandes liegen bei
18.17 Weitere direkte Kosten betragen

Aufwand Wirtschaft
18.18 Die Kosten des Personalaufwandes liegen bei
18.19 Die Kosten des Sachaufwandes liegen bei
18.20 Weitere direkte Kosten betragen

Aufwand Privatpersonen, Vereine und Verbände
18.21 Die Kosten des Aufwandes liegen bei
18.22 Weitere direkte Kosten betragen

Auswirkungen der unmittelbaren Kosten auf die Staatsausgaben, Bruttowertschöpfung, Beschäftigung und Preise
18.23 Die mit der Maßnahme verbundene Erhöhung der Staatsausgaben beträgt
18.24 Die Folgen der weiteren direkten Kosten betragen
18.25 Für die resultierenden Änderungen der Bruttowertschöpfung, der Beschäftigung und der Preise gilt

Volkswirtschaftliche Kosten
18.26 der Änderung des staatlichen Budgets liegen bei
18.27 der Abnahme der Einkommen aus Unternehmertätigkeit und Vermögen liegen bei
18.28 des Beschäftigungsrückgangs liegen bei
18.29 des Preisanstiegs liegen bei
18.30 Weitere volkswirtschaftliche Kosten
18.31 Die Gegenwartswerte der volkswirtschaftlichen Kosten der Maßnahme betragen für __ Jahre insgesamt

Positive wirtschaftliche Effekte der Maßnahme
18.32 Die positiven wirtschaftlichen Effekte für öffentliche Hand/Staat/öffentliche Verwaltung sind
18.33 Die positiven wirtschaftlichen Effekte für die Wirtschaft sind
18.34 Die positiven wirtschaftlichen Effekte für Privatpersonen, Vereine, Verbände sind

Auswirkungen der Nutzen auf die Staatsausgaben, Bruttowertschöpfung, Beschäftigung und Preise
18.35 Die mit der Maßnahme verbundene Abnahme der Staatsausgaben beträgt
18.36 Die Folgen der weiteren direkten Nutzen betragen
18.37 Für die resultierenden Änderungen der Bruttowertschöpfung, der Beschäftigung und der Preise gilt

Volkswirtschaftliche Nutzen
18.38 der Änderung des staatlichen Budgets liegen bei
18.39 der Zunahme der Einkommen aus Unternehmertätigkeit und Vermögen liegen bei
18.40 des Beschäftigungsanstieg liegen bei
18.41 des Preisrückgangs liegen bei
18. Der nicht-wirtschaftliche Nutzen des Benefit-Transfers beträgt
18.42 Weitere volkswirtschaftliche Nutzen
18.43 Die Gegenwartswerte der volkswirtschaftlichen Nutzen der Maßnahme betragen für __ Jahre insgesamt

Finanzielle Belastungen der Wirtschaftssubjekte
18.44 Die finanziellen Belastungen privater Wirtschaftssubjekte betragen insgesamt

	18.45 Die finanziellen Belastungen von Privatpersonen, Vereinen und Verbänden betragen insgesamt **Politische Möglichkeit** 18.46 Bei der Erreichung des Umweltziels ist die Möglichkeit der politischen Einflussnahme gegeben JA / NEIN **Koordinierungsverpflichtung** 18.47 Es bestehen Koordinierungsverpflichtungen bestehen mit folgenden anderen (Bundes-)Ländern
19. Zusammenfassung: Kosten und Nutzen	Volkswirtschaftliche Kosten	Volkswirtschaftliche Nutzen	Nicht monetarisierte Umweltwirkungen

Quelle: Eigene Darstellung.

Tabelle 5: Prüfkatalog zur Feststellung der Kosten und positiven Effekte zur Sicherstellung ökologischer und sozioökonomischen Erfordernisse einer Ersatzaktivität

Zusatz zum Maßnahmenkennblatt Ersatzaktivität	
1. Ersatzaktivität: Beschreibung	1. Bitte nennen und beschreiben Sie die Ersatzaktivität, die einer Kosten-Wirksamkeitsanalyse unterzogen wird.
2. Beschreibung der sozioökonomischen Erfordernisse	2. Was sind die sozioökonomischen Erfordernisse, deren Erfüllung die Ersatzaktivität sicherstellen soll?
3. Zeithorizont	3. Ab welchem Zeitpunkt und/oder in welchem Zeitraum kann die Ersatzaktivität voraussichtlich zum Einsatz kommen?
4. Sozioökonomische Zielsetzung	4.1 Theoretische Eignung Bitte führen Sie zentrale und ggf. auf Deutschland übertragbare Studien, dokumentierte Fallbeispiele, Gutachten oder weitere Dokumente auf, die die theoretische Eignung der Ersatzaktivität belegen.
	4.2 Technische Durchführbarkeit Bitte erläutern Sie, dass die Voraussetzungen für die technische Durchführbarkeit der Ersatzaktivität gegeben sind.
	4.3 Eignung unter Praxisbedingungen Umsetzende Institutionen In welchen Hoheitsbereich fällt der Einsatz der Ersatzaktivität in erster Instanz (Bund, Länder, beide oder andere)? Welche(s) Ressort(s) ist/sind für den Einsatz der Ersatzaktivität verantwortlich? Welche Institutionen sind noch an der praktischen Umsetzung beteiligt/durch die praktische Umsetzung betroffen? Verhaltensänderung Gruppen

	Erfordert die Umsetzung der Maßnahme Veränderungen, von denen auch BürgerInnen, gesellschaftliche Gruppen, Wirtschaft etc. betroffen sind? Wie sollen diese direkt betroffenen Gruppen informiert werden? Ist geplant, weitergehende Informationen für die Öffentlichkeit bereitzustellen/zu entwickeln?
	4.4. Zielerreichungsgrad Zu wie viel Prozent können die sozioökonomischen Erfordernisse (siehe 2.), deren Sicherstellung die Ersatzaktivität dienen soll, durch diese ersetzt werden?
5. Umweltwirkungen	5. Bitte erläutern Sie mögliche Auswirkungen der Ersatzaktivität auf die Wassergüter/Umwelt/Umweltgüter (Biodiversität etc.) und Ökosystemleistungen.
6. Direkte Kosten	6.1 Öffentliche Hand/Staat/öffentliche Verwaltung
	a) Erfüllungsaufwand Personalaufwand Welche personalen Mittel sind in der Verwaltung erforderlich? Wenn möglich, stellen Sie diese bitte getrennt nach einzelnen Phasen der Umsetzung oder anderen Posten der Umsetzung der Ersatzaktivität dar (für Entwicklung und Einführung, Umsetzung und Koordination, Kontrolle, Übungszwecke, Betrieb und Unterhaltung). Sachaufwand Welche Sachmittel sind in der Verwaltung erforderlich? Wenn möglich, stellen Sie diese bitte getrennt nach einzelnen Phasen der Umsetzung der Ersatzaktivität und anderen Posten dar (für Entwicklung und Einführung, Kontrolle, Übungszwecke, Betrieb und Unterhaltung, Investitionen für z. B. Flächenankäufe, Anpflanzungen, Entschädigungszahlungen).

	b) Weitere direkte Kosten Welche weiteren direkten Kosten entstehen der Verwaltung (zum Beispiel Reduzierung von Gebühren und/oder Steuereinnahmen, Schäden, die infolge der Ersatzaktivität entstehen)?
	6.2 Wirtschaft
	a) Erfüllungsaufwand Wenn möglich, stellen Sie diesen bitte getrennt nach einzelnen Phasen der Maßnahme (für Entwicklung und Einführung, Kontrolle, Übungszwecke, Betrieb und Unterhaltung) dar. Differenzieren Sie die Kosten bitte zusätzlich nach:<ul><li>Produktionsmengeneinschränkungen (EA_U)</li><li>erforderlichen Abgaben (EA_{AB})</li><li>entstehenden Informationspflichten</li><li>entstehenden sonstigen Pflichten</li><li>Änderungen im Betriebsablauf</li><li>Änderungen bei der Quantität oder Qualität der Inputs wie mehr oder höher qualifizierte Arbeit (EA_{LK})</li><li>Änderungen bei der Quantität oder Qualität der Vorleistungen wie dem Einsatz von weiterzuverarbeitenden Waren (EA_{VL})</li><li>Abschreibungen aufgrund von Investitionen für z. B. Flächenankäufe (EA_A)</li><li>zusätzliche Aktivitäten, z. B. Entschädigungszahlungen</li></ul>Personalaufwand Welche personalen Mittel sind in der Wirtschaft erforderlich? Sachaufwand Welche Sachmittel sind in der Wirtschaft erforderlich?

	b) Weitere direkte Kosten Welche weiteren direkten Kosten entstehen der Wirtschaft (zum Beispiel Schäden, die infolge der Maßnahme entstehen, wie bspw. die Vernässung von Flächen)?	
	6.3 Privatpersonen, Vereine und Verbände	
	a) Erfüllungsaufwand Welcher Aufwand entsteht Privatpersonen, Vereinen und Verbänden?	
	b) Weitere direkte Kosten Welche weiteren direkten Kosten entstehen Privatpersonen, Vereinen und Verbänden (zum Beispiel durch den Abbau von Arbeitsplätzen oder Preissteigerungen)?	
7. Negative wirtschaftliche Effekte	7.1 Staatseinnahmen, -ausgaben	
	a) Folgen des Erfüllungsaufwandes Bitte übernehmen Sie die jährlichen unmittelbaren Kosten der Verwaltung anhand Ihrer Angaben in 6.1 (Personalkostensätze gemäß Bundesministerium der Finanzen). Erfordert der Personalaufwand eine Erhöhung der Arbeitskapazität der Verwaltung? Wenn ja, wie viel Prozent des Personalaufwands beziehen sich auf diese Kapazitätserhöhung? Um die mit der Maßnahme verbundene Erhöhung der Staatsausgaben zu ermitteln, addieren Sie bitte den Sachaufwand und den Anteil des Personalaufwands.	
	b) Folgen der weiteren direkten Kosten Wie verändern sich die Staatseinnahmen infolge der weiteren direkten Kosten (z. B. durch Steuern oder Gebühren)? Bitte übernehmen Sie die *weiteren direkten Kosten* der Verwaltung aus 6.1 b) und berechnen so den Rückgang der Staatseinnahmen insgesamt.	
	7.2 Bruttowertschöpfung, Beschäftigung und Preise	
	a) Änderung der Bruttowertschöpfung Bitte berechnen Sie die ggf. resultierenden Änderungen der Bruttowertschöpfung.	

	b) Änderung der Beschäftigung Bitte berechnen Sie die ggf. resultierenden Änderungen der Beschäftigung und verweisen auf die Dar-stellung der Eingruppierungen bzw. erwarteten entstehenden Lohnkosten.
	c) Änderung der Preise Bitte berechnen Sie die ggf. resultierenden Änderungen der Preise.
8. Volkswirtschaftliche Kosten	a) der Veränderung des staatlichen Budgets Bitte ermitteln Sie die jährlichen volkswirtschaftlichen Kosten der Ersatzaktivität, die aus der Veränderung des staatlichen Budgets resultieren.
	b) der Abnahme der Einkommen aus Unternehmertätigkeit und Vermögen Bitte ermitteln Sie die jährlichen volkswirtschaftlichen Kosten der Ersatzaktivität, die aus der Abnahme der Einkommen aus Unternehmertätigkeit und Vermögen resultieren.
	c) der Änderung der Beschäftigung Bitte ermitteln Sie die jährlichen volkswirtschaftlichen Kosten der Ersatzaktivität, die aus der der Änderung der Beschäftigung resultieren.
	d) der Änderung der Preise Bitte ermitteln Sie die jährlichen volkswirtschaftlichen Kosten der Ersatzaktivität, die aus der Änderung der Preise resultieren.
	e) Weitere volkswirtschaftliche Kosten Bitte geben Sie weitere volkswirtschaftliche Kosten (als Folge negativer Umweltwirkungen oder von Zwangsausgaben privater Haushalte) an.
9. Finanzielle Belastungen privater Wirtschaftssubjekte	9.1 Bitte berechnen Sie die finanziellen Belastungen privater Wirtschaftssubjekte.
	9.2 Bitte berechnen Sie die finanziellen Belastungen von Privatpersonen, Vereinen und Verbänden.
10. Positive wirtschaftliche Effekte	10.1 Bitte geben Sie an, welche positiven Effekte die Ersatzaktivität für die öffentliche Hand/Staat/öffentliche Verwaltung hat.

	10.2 Bitte geben Sie an, welche positiven Effekte die Ersatzaktivität für die Wirtschaft hat.
	10.3 Bitte geben Sie an, welche positiven Effekte die Ersatzaktivität für Privatpersonen, Vereine und Verbände hat.
11. Übersicht	11. Bitte füllen Sie den Ergebnisteil durch Übertragung der Ergebnisse aus dem Prüfkatalog aus. Um Scheingenauigkeiten zu vermeiden, sind ermittelte Zahlen nach Abschluss der Berechnungen sachgerecht zu runden. **Sozioökonomische Erfordernisse** 11.1 Die Ersatzaktivität erfüllt folgende sozioökonomische Erfordernisse **Zeithorizont** 11.2 Die Ersatzaktivität kann ab folgendem Zeitpunkt und/oder in folgendem Zeitraum umgesetzt werden **Sozioökonomische Zielsetzung** 11.3 Die Ersatzaktivität ist theoretisch geeignet JA/NEIN 11.4 Die Ersatzaktivität ist technisch durchführbar JA/NEIN 11.5 Die Ersatzaktivität fällt in folgenden Hoheitsbereich in erster Instanz 11.6 Folgende Ressort(s) sind für die Ersatzaktivität verantwortlich 11.7 Folgende Institutionen sind beteiligt 11.8 Bei folgenden gesellschaftlichen Gruppen ist eine Verhaltensänderung erforderlich 11.9 Die Ersatzaktivität wird durch folgende Maßnahmen unterstützt

Umweltwirkungen
11.10 Die Ersatzaktivität hat folgende Auswirkungen auf Wassergüter/Umwelt/Umweltgüter (Biodiversität etc.) und Ökosystemleistungen

Direkte Kosten
Aufwand öffentliche Hand/Staat/öffentliche Verwaltung
11.11 Die Kosten des Personalaufwandes liegen bei
11.12 Die Kosten des Sachaufwandes liegen bei
11.13 Weitere direkte Kosten betragen

Aufwand Wirtschaft
11.14 Die Kosten des Personalaufwandes liegen bei
11.15 Die Kosten des Sachaufwandes liegen bei
11.16 Weitere direkte Kosten betragen

Aufwand Privatpersonen, Vereine und Verbände
11.17 Die Kosten des Aufwandes liegen bei
11.18 Weitere direkte Kosten betragen

Negative wirtschaftliche Effekte
11.19 Die mit der Ersatzaktivität verbundene Erhöhung der Staatsausgaben beträgt
11.20 Die Folgen der weiteren direkten Kosten betragen
11.21 Für die resultierenden Änderungen der Bruttowertschöpfung, der Beschäftigung und der Preise gilt

	Volkswirtschaftliche Kosten 11.22 der Änderung des staatlichen Budgets liegen bei 11.23 der Abnahme der Einkommen aus Unternehmertätigkeit und Vermögen liegen bei 11.24 des Beschäftigungsrückgangs liegen bei 11.25 des Preisanstiegs liegen bei 11.26 Weitere volkswirtschaftliche Kosten 11.27 Die Gegenwartswerte der volkswirtschaftlichen Kosten der Ersatzaktivität betragen für __ Jahre insgesamt **Finanzielle Belastungen der Wirtschaftssubjekte** 11.28 Die finanziellen Belastungen privater Wirtschaftssubjekte betragen insgesamt 11.29 Die finanziellen Belastungen von Privatpersonen, Vereinen und Verbänden betragen insgesamt **Positive wirtschaftliche Effekte der Maßnahme** 11.30 Die positiven wirtschaftlichen Effekte für öffentliche Hand/Staat/öffentliche Verwaltung sind 11.31 Die positiven wirtschaftlichen Effekte für die Wirtschaft sind 11.32 Die positiven wirtschaftlichen Effekte für Privatpersonen, Vereine, Verbände sind
12. Zusammenfassung: Kosten und positive Effekte	Grad der Nutzungs-einschränkung %
	Volkswirtschaftliche Kosten
	Positive wirtschaftliche Effekte und positive Umweltwirkungen
	Nicht monetarisierte negative Umweltwirkungen

Quelle: Eigene Darstellung.

Ökonomische Forschungsbeiträge zur Umweltpolitik

Herausgeber: Prof. Dr. Rainer Marggraf, Dr. Jörg Cortekar, Dr. Uta Sauer und Dr. Katharina Susanne Raupach

ISSN 2194-1149

1 Falk R. Lauterbach, Ann Kathrin Buchs, Jörg Cortekar, Rainer Marggraf (Hg.)
   Handbuch zu den ökonomischen Anforderungen der europäischen Gewässerpolitik
   Implikationen und Erfahrungen aus Theorie und Praxis
   ISBN 978-3-8382-0343-0

2 Rainer Marggraf, Uta Sauer, Falk R. Lauterbach, Arno Brandt, Marie Christin Mielke, Daniel Voßen, Benjamin Weppe
   Umsetzung der Meeresstrategie-Rahmenrichtlinie in Deutschland
   Untersuchungen zur ökonomischen Anfangsbewertung
   ISBN 978-3-8382-0403-1

3 Falk R. Lauterbach
   Kosten-Wirksamkeits-Analysen zur Auswahl von Maßnahmen gemäß EG-Wasserrahmenrichtlinie
   Eine empirische Untersuchung in Niedersachsen
   ISBN 978-3-8382-0483-3

4 Manuel Thiel
   Grüne Gentechnik in Deutschland
   Einstellungen der Bevölkerung
   ISBN 978-3-8382-0535-9

5 Anika Busch
   Der deutsche Beitrag zur globalen Waldpolitik
   Analyse und Bewertung des Engagements zum Erhalt der Biodiversität und zur Eindämmung des Klimawandels
   ISBN 978-3-8382-0513-7

6 Anja-Karolina Rovers
   Eine empirische Analyse zur ästhetischen und ethischen Wertschätzung mitteldeutscher Buchenwaldgebiete
   Meinungen von Experten und Einstellung der Bevölkerung
   ISBN 978-3-8382-0758-2

7 *Katherina Grafl*
   Die Ökonomisierung der Umweltpolitik
   Fallstudie EG-Wasserrahmenrichtlinie und Fallstudie Globale Öffentliche Güter
   ISBN 978-3-8382-0770-4

8 *Stefan Schüler*
   Ökosystemleistungen – ein Instrument des Umwelt- und Ressourcenmanagements in Deutschland?
   Begriffliche Grundlagen, ethische Motive und partizipative Handlungsstrategien
   ISBN 978-3-8382-0927-2

9 *Shogik Nickel*
   Die Rolle nichtstaatlicher Umweltorganisationen in der Umweltpolitik Russlands am Beispiel Kaliningrads
   ISBN 978-3-8382-1067-4

10 *Gerlinde Wiese*
   Computergestützte Planspiele als Methode der Konfliktsimulation bei Nutzungskonkurrenzen im ländlichen Raum
   ISBN 978-3-8382-1657-7

11 *webod.gbr*
   Die Göttinger Prüfverfahren zur Kosteneffizienz von Maßnahmen und Inanspruchnahme von Ausnahmen aufgrund unverhältnismäßig hoher Kosten im Rahmen der WRRL – sowie Ergebnisse eines Anwendungsfalls
   ISBN 978-3-8382-1868-7

ibidem.eu